AGRICULTURE, TRAVAUX PUBLICS.

(EMPLOI IMMÉDIAT DE 15,000 TRAVAILLEURS.)

DU DELTA DU RHONE

ET DE SON AMÉLIORATION,

AU MOYEN DE LA CULTURE DU RIZ.

PAR

Hippolyte PEUT.

MÉMOIRE ADRESSÉ A L'ASSEMBLÉE NATIONALE.

> Entre le Delta du Nil et le Delta du Rhône, il n'y a qu'une différence : c'est qu'un gouvernement barbare exécute des travaux gigantesques pour augmenter la richesse native du premier, et qu'un gouvernement civilisé laisse le second à l'état barbare.
>
> H. P.

> L'ordre, c'est le travail;
> Le travail, c'est la production ;
> La production, c'est la richesse ;
> La richesse, c'est la liberté.
>
> H. P.

PARIS,

CHEZ L'AUTEUR, RUE DE LA BRUYÈRE, 22.

1848.

A L'ASSEMBLÉE NATIONALE.

Régularité des produits ; ordre public.

AUG. DE GASPARIN.

Ce petit mémoire touche à l'une des plus graves et des plus importantes questions du jour, à la question du travail ; il y touche par l'agriculture et par les travaux publics, c'est-à-dire par les deux plus énergiques agents de la production, par les deux plus puissants éléments de la prospérité générale.

Et cependant, malgré son actualité, sera-t-il lu? trouvera-t-il, au milieu de la fièvre qui dévore les esprits, un homme, un seul homme, qui ait le temps de réfléchir à ce qu'il présente d'utile et de fécond ?

Nous avons fait ce qui dépendait de nous pour nous tenir dans les plus étroites limites, et ne rien dire que ce qui nous semblait indispensable à l'intelligence de notre pensée.

Si, toutefois, le cadre, dans lequel nous nous sommes renfermé, paraissait encore trop étendu, nous prions que l'on veuille bien jeter les yeux **PAGE 45** ; on y trouvera le **RÉSUMÉ COMPLET** des travaux que nous proposons et l'indication sommaire des résultats qui doivent en être la conséquence.

C'est surtout aux hommes du pouvoir que nous nous adressons ; eux seuls, dans les circonstances où nous sommes, peuvent donner la vie à ces grandes entreprises, qui font la richesse des peuples.

Tout le monde aujourd'hui comprend qu'il n'y a de salut pour la société que dans le travail, parce que tout le monde comprend qu'il n'y a que le travail qui puisse rétablir l'ordre, et avec l'ordre ramener la sécurité, la confiance et le crédit, sans lesquels il n'y a que gêne, souffrance, misère; partant, ruine, décadence, anéantissement; mais ce que tout le monde ne comprend pas aussi bien, c'est la nécessité de procéder par des mesures promptes, vigoureuses, décisives.

L'essentiel est de chercher des travaux productifs; une fois trouvés, il n'y a plus à hésiter.

Toute dépense faite dans ce but est une dépense d'intérêt public au premier chef; toute économie qui y serait opposée est une faute, et peut devenir un danger.

N'oublions pas que nous vivons à une époque exceptionnelle, à une époque où tout est remis en question, même l'évidence; n'oublions pas que l'inaction du corps favorise le dérèglement de la pensée, et produit le dénuement qui engendre le désespoir.

La société ébranlée menace de se dissoudre, il faut la raffermir sous peine de mort.

Aveugle celui qui ne verrait pas les obligations que le devoir et les circonstances imposent.

Le fait est là qui nous presse; donnons lui satisfaction d'abord; les théories viendront ensuite.

Les instants sont précieux; l'hiver approche; plus on temporise, plus on laisse s'aggraver le mal.

Chaque jour voit monter le flot grossissant de la misère; chaque jour apporte une nouvelle complication, une nouvelle difficulté, un nouveau péril; chaque jour, d'ailleurs, est un siècle pour celui qui souffre.

La faim, malheureusement, n'attend pas et ne peut pas attendre.

*

DU DELTA DU RHONE

ET DE SON AMÉLIORATION,

AU MOYEN DE LA CULTURE DU RIZ (1).

> Entre le Delta du Nil et le Delta du Rhône, il n'y a qu'une différence : c'est qu'un gouvernement barbare exécute des travaux gigantesques pour augmenter la richesse native du premier, et qu'un gouvernement civilisé laisse le second à l'état barbare.
>
> H. P.

> L'ordre, c'est le travail;
> Le travail, c'est la production,
> La production, c'est la richesse;
> La richesse, c'est la liberté.
>
> H. P.

L'agriculture est le premier des arts comme la première des industries; là où l'agriculture prospère, la nation est riche, l'Etat est puissant, le peuple est heureux, les hommes sont moraux.

Augmenter les produits de la terre; appeler les bras vers le travail des champs; mettre en valeur les parties du territoire national qui sont encore improductives; créer des valeurs nouvelles et impérissables; accroître la somme des substances ali-

(1) *Le Delta du Rhône*, dans le sens rigoureusement grammatical de cette dénomination, devrait être exclusivement borné à l'île de la *Camargue*, dont la forme est effectivement celle d'un *Delta*; mais on applique généralement le même nom à tous les terrains d'alluvion, déposés à l'embouchure du fleuve. Considéré sous ce point de vue, le *Delta du Rhône* comprend : 1° La plaine de Beaucaire, 31,000 hectares; 2° les marais d'Aigues-Mortes, 12,000 hectares ; 3° l'île de la Camargue, 75,000 hectares ; 4° la petite Camargue, 9,000 hectares ; 5° le plan du Bourg, 19,000 hectares; 6° la plaine du Trébon et ses dépendances, 6,000 hectares ; en totalité 152,000 hectares. Tous ces terrains, au milieu desquels le Rhône s'est frayé un passage par plusieurs branches, sont identiquement les mêmes, avec cette différence toutefois, que les limons du fleuve sont d'autant plus fins, d'autant plus riches en détritus, d'autant moins mélangés de sable, qu'ils se rapprochent davantage de la mer. *(Voir la carte ci-jointe.)*

mentaires ; augmenter les ressources du Trésor en ajoutant à l'aisance privée ; imprimer un vigoureux essor aux travaux publics dont la réalisation est essentiellement liée à la prospérité générale du pays, tels doivent être les premiers soins d'un Gouvernement qui comprend ses devoirs et sait les remplir.

Le Gouvernement républicain, en annonçant qu'il était décidé à aider par tous les moyens en son pouvoir au défrichement et à l'exploitation des parties encore improductives du sol, en même temps qu'à l'exécution de tous les grands travaux d'utilité publique, a prouvé qu'il avait l'intelligence de cette vérité, vérité devenue triviale à force d'être répétée, et cependant si rarement mise en pratique jusqu'à ce jour. Il saura, nous en avons l'espoir, tenir les engagements solennels qu'il a pris à la face de la nation. L'honneur comme les conseils d'une sage politique le lui commandent. Des actes nets, précis, formels ; des actes qui témoignent clairement de la fermeté de sa résolution et de la persévérance de sa volonté, serviront les intérêts de sa conservation et de sa puissance beaucoup mieux que les discours les plus pompeux, les phrases les plus sonores, les proclamations les plus fastueuses. Qu'il le sache bien, et qu'il agisse en conséquence, s'il ne veut pas tomber à son tour dans le gouffre toujours béant où se sont follement précipités les Gouvernements auxquels il succède. C'est un ami sincère, un ami dont les sympathies ne sont pas douteuses qui lui tient ce langage ; il peut l'en croire. Les moments d'ailleurs sont précieux. La misère fait chaque jour des ravages qui ne seront arrêtés que par le travail ; attendre encore c'est ajouter aux progrès et à l'intensité du mal. Il n'y a plus à hésiter ; il faut trouver, coûte que coûte, le moyen de donner du pain à ceux qui en manquent ; le salut du pays est à ce prix.

Parmi les localités sur lesquelles la sollicitude éclairée de l'administration pourra s'exercer avec le plus de fruit, il en est une entre toutes les autres que nous nous faisons un devoir de signaler à son attention particulière, c'est *le Delta du Rhône*, Delta moins vanté, mais aussi fécond que celui du Nil dont la célébrité est universelle, et qui, depuis longtemps, serait aussi productif si nous savions développer les nombreux éléments de richesse que la main de la Providence nous a départis avec une générosité, une libéralité qui ne sont surpassées que par notre indifférence et notre aveuglement (1).

Nulle part, en France, on ne peut trouver rassemblées sur le même point des conditions de succès aussi multipliées, aussi favorables; nulle part, on ne peut espérer des résultats agricoles aussi importants, aussi prompts, aussi certains; nulle part, on ne peut rencontrer un ensemble de travaux publics dont l'exécution soit aussi utile, aussi urgente, aussi facile, aussi peu coûteuse, aussi productive.

Là tout a été pour ainsi dire préparé d'avance par la nature avec une prévoyance infinie. Les terres sont des terres d'alluvion de première qualité; le Rhône offre, pour l'irrigation, des eaux dont l'excellence est proverbiale; enfin la chaleur de la température détermine et entretient, partout où pénètre l'humidité, une puissante végétation à peine suspendue pendant deux mois de l'année. On a donc à sa disposition l'eau, la terre et la chaleur, ces trois éléments essentiels de l'abondance en fait de production rurale. Ainsi se présentent réunies au plus haut degré toutes les exigences d'une bonne et fructueuse agriculture, toutes les conditions d'une extrême fertilité, toutes les sources d'une grande richesse territoriale (2).

(1) M. l'ingénieur français Mougel, qui, sous le nom de Mougel-bey, dirige les travaux du barrage que Mehemet-Ali fait exécuter sur le Nil, a visité, l'année dernière le Delta du Rhône. Nous l'avons entendu nous-mêmes mettre les alluvions du Rhône au-dessus des alluvions du Nil, et s'étonner de ce que le gouvernement Français avait pu négliger jusqu'alors un territoire appelé à devenir l'un des plus riches et des plus productifs du monde.

M. Rendu, inspecteur d'agriculture, a également visité le Delta du Rhône en 1847; il est revenu parfaitement satisfait de ce qu'il y avait vu.

M. Grégoire, qui a dirigé pendant quinze ans, dans le Delta du Nil, des rizières appartenant à Ibrahim-Pacha, et qui dirige actuellement les rizières du château d'Avignon, ne doute pas qu'avant cinquante ans, si l'administration le veut, le Delta du Rhône ne soit une des localités les plus peuplées de France.

(2) Cette année, dans le courant de juin, on a ensemencé en riz, des terres sur lesquelles on venait de faire une moisson de froment. L'année dernière, la même expérience avait été faite dans l'Aude, sur les bords de la Robine de Narbonne, et avait été suivie d'un plein succès. Ainsi, la même année, le même champ aura produit une double récolte. Et, grâce à la fécondité naturelle du sol, et à la qualité limoneuse des eaux d'arrosage, cette fertilité est inépuisable. L'eau porte avec elle l'engrais de la terre-

En un mot : l'amélioration agricole du *Delta du Rhône* est un problème dont les termes peuvent être ainsi posés :

« Etant donné un sol vierge composé de terres d'alluvion de « première qualité ; étant donné le climat le plus beau, le plus « hâtif de l'Europe ; étant données les eaux les plus fertilisantes, « les plus riches en humus, en détritus de toutes sortes ; étant « donnés en outre des débouchés illimités et des voies de com- « munication éminemment économiques; quels résultats peut-on « légitimement espérer?..... »

L'inconnue n'est pas difficile à dégager.

« *Deux* d'humidité multipliés par *deux* de chaleur font « *quatre*, dit M. Auguste de Gasparin, dans son intéressant « mémoire sur le *plan incliné* considéré comme grande ma- « chine agricole, mais *quatre* d'humidité multipliés par *quatre* « de chaleur font *seize*; voilà le Nord, voilà le Midi. »

D'un autre côté, l'admirable situation du Delta : à l'embouchure du Rhône dans la Méditerranée, c'est-à-dire à l'embouchure du fleuve le plus important de la France dans la mer la plus fréquentée du globe ; en face de l'Algérie, cette autre France qui, selon notre conduite, peut devenir pour nous la source de hontes et de désastres sans noms, comme la source d'une gloire et d'une grandeur sans égales ; à côté du port de Bouc et de l'étang de Berre, magnifiques positions militaires où l'État exécute actuellement des travaux considérables, et dont Napoléon voulait faire le principal arsenal de notre puissance maritime sur la Méditerranée ; sur la grande route des Indes, quand l'isthme de Suez sera percé ; en un point unique, où l'industrie est appelée à prendre un développement illimité, en raison de l'économie des transports et de la facilité avec laquelle elle pourra s'y procurer les houilles des bassins de la Loire et du Gard, les bois du Nord et de l'Est, les fers des hauts-fourneaux de la Bourgogne, de la Loire, de l'Ardèche et du Languedoc, ainsi que les matières premières sur lesquelles elle se proposerait d'opérer, soit qu'elle les tire du dehors, soit qu'elle les demande à l'intérieur : cette admirable situation, disons-nous, est un de ces faits exceptionnels, un de ces accidents providentiels qui, lorsqu'il sait en tirer parti, exercent une influence décisive sur les destinées d'un peuple.

Et cependant, malgré tant de ressources, malgré le privilége d'une si rare position, le *Delta du Rhône* est resté jusqu'à ce jour méconnu et presque improductif.

Cet état est dû à trois causes, qui seules l'ont occasionné et perpétué.

Premièrement, à ce que le *Delta du Rhône* est demeuré longtemps en dehors des principales voies de communication du Midi qui, partant d'Avignon pour de là se diriger sur la Provence et le Languedoc, laissaient, comme oubliée et perdue à l'extrémité de la France, toute la région située entre leur bifurcation.

Secondement, à la présence du sel marin, que l'on rencontre dans tous les terrains d'alluvion déposés au sein des eaux de la mer. Le même phénomène se reproduit exactement dans le delta du Nil.

Troisièmement, à l'obstacle présenté par la barre de sable et de limon qui ferme l'accès du fleuve, et oppose des difficultés incessantes à l'entrée et à la sortie des navires.

De ces motifs, les deux premiers n'existent plus.

L'un a cédé devant les bateaux à vapeur et le chemin de fer de Marseille, qui ont mis le *Delta du Rhône* sur la grande route de Paris à la Méditerranée; l'autre, ainsi que cela se pratique depuis longtemps dans la Basse-Égypte, a disparu par L'INTRODUCTION DE LA CULTURE DU RIZ.

Le troisième disparaîtra à son tour aussitôt que le Gouvernement le voudra; la solution du problème est trouvée; les projets sont étudiés; il n'y a plus qu'à exécuter.

Pour bien apprécier les effets produits par la culture du riz, il est indispensable d'expliquer brièvement la manière dont s'est formé le *Delta du Rhône*, et la situation dans laquelle il se trouvait quand le riz y a été introduit.

Les grands fleuves suivent dans leurs atterrissements une loi qui ne varie jamais, et qui est en rapport mathématique avec la rapidité de leur cours. Dans sa partie supérieure, leur lit est formé par les débris de rochers que la violence des eaux a arrachés du flanc des montagnes, mais que le fleuve n'a plus la force d'entraîner au-delà ; plus bas, au fur et à mesure que l'impétuosité du courant diminue, se déposent les galets ; après les galets, les graviers ; au-dessous des graviers, les sables ; enfin, à l'embouchure, où la pente, et, par conséquent, la marche des eaux est à peu près nulle, les vases et les limons qui, par l'effet de leur légèreté relative, étaient tenus en suspension dans la masse liquide.

Telle est la loi à laquelle obéit le Rhône. Entre sa source et Genève, son lit est composé de fragments de roches ; entre Genève et Lyon, on ne trouve généralement plus que des galets ; entre Lyon et Baucaire, des graviers ; entre Beaucaire et Arles, des sables ; enfin, au-dessous d'Arles, des vases dont la ténuité augmente d'autant plus que l'on s'approche davantage de la mer.

C'est par l'action de ces dépôts successifs d'un limon composé presque exclusivement d'humus et de détritus animaux et végétaux, enlevés aux riches vallées traversées par le Rhône ou ses affluents et apportés en totalité vers son embouchure, que s'est formé le vaste *Delta* auquel le fleuve donne son nom, et qui s'étend de Tarascon à la Méditerranée, embrassant une superficie de plus de 150,000 hectares, sur 70 kilomètres environ de longueur, et 30 de largeur moyenne.

On comprendra facilement la puissance d'attérissement du Rhône et la rapidité avec laquelle marchent ses alluvions, quand on saura que, dans ses grandes crues, ce fleuve charrie jusqu'à *cinq millions* de mètres cubes de limon en *vingt-quatre* heures.

Toutefois, comme ces diverses alluvions ont été déposées au sein de la mer, elles se sont imprégnées d'une forte quantité de sel marin dont elles restent saturées, et qui les rend improductives en neutralisant leur fécondité naturelle. En été, des espaces immenses, par l'effet de la chaleur et de la capillarité du sol, se couvrent d'efflorescences salines qui en blanchissent la surface et y détruisent la végétation passagère que la saison des pluies y fait naître chaque année. On ne voit plus alors, çà et là, sur des plaines brûlées par le soleil, que des plantes salines au pied desquelles s'abrite une herbe fine et aromatique qui sert à la nourriture des troupeaux de moutons, et à la dépaissance des bœufs et des chevaux sauvages, seuls habitants de ces vastes solitudes, au sein desquelles ils errent au hasard et par bandes, comme dans les *pampas* de l'Amérique méridionale. Telle est effectivement, on rougit de l'avouer, en plein XIXe siècle, sur le territoire même de la France, aux bords du principal des fleuves qui l'arrosent, la manière dont sont exploitées des terres qui pourraient aisément devenir les terres les plus riches et les plus productives du pays. L'ignorance l'a engendrée ; la routine l'a propagée ; la paresse et l'indifférence la maintiennent. C'est encore de nos jours l'agriculture d'Abraham et de Jacob ; c'est la barbarie au cœur de la civilisation.

Pour se faire une idée de la fertilité native du sol du Delta, il faut voir les rives immédiates du Rhône où l'action des eaux douces a dessalé et vivifié la terre. Là, de magnifiques prairies, des vignes qui donnent des récoltes prodigieuses, des froments qui rendent 10 à 12 pour 1 d'un grain dont la qualité est recherchée, des bouquets de bois qui ressemblent aux forêts vierges du Nouveau-Monde avec leurs lianes grimpantes et leur exubérante végétation, des jardins qui frappent d'étonnement le visiteur, prouvent ce que l'on pourrait obtenir avec de pareils éléments de production.

Depuis quelques années, plusieurs propriétaires avaient cherché à dessaler le sol par l'irrigation ; mais cette opération est coûteuse parce qu'elle demande des masses d'eau, et qu'on ne peut la mettre en pratique qu'à l'aide de puissants appareils mécaniques propres à élever cette eau pour la répandre d'une manière régulière et continue sur le sol. En outre, afin d'opérer avec plus de certitude, et de rendre le terrain perméable à l'action des eaux, il fallait effectuer des défrichements dispendieux ;

or, comme les capitaux sont excessivement rares dans le pays, par conséquent fort chers, et que l'on ne peut obtenir aucune espèce de produits avant que le sel ait à peu près entièrement disparu, il en résultait la nécessité de faire des avances considérables, avances sans résultats, que personne n'était en mesure de supporter. Aussi l'industrie agricole du *Delta du Rhône* n'avait-elle fait que bien peu de progrès, malgré les conditions favorables au milieu desquelles elle se trouvait.

Tel était l'état des choses quand la culture du riz, après plusieurs essais successifs commencés en 1844, a été définitivement introduite l'année dernière dans le Delta sur une grande échelle. Cette culture, ainsi qu'on devait s'y attendre d'après ce qui se passe sur les bords du Nil, du Pô, du Mississipi, du Gange, etc., a opéré une véritable révolution dans l'exploitation des terres. Avec elle tout est devenu facile, parce que non seulement elle dessale le sol entièrement et sans frais, mais encore parce qu'elle donne, dès la première année, des produits abondants qui paient à un intérêt très-convenable les capitaux employés (1).

L'effet de cette culture est fort simple ; le riz, qui ne redoute pas le sel, ainsi que le prouvent les magnifiques rizières du delta du Nil, réussit parfaitement dans les terrains salés, où il acquiert même une saveur et une qualité qu'il n'a pas ailleurs, et qui le font rechercher dans le commerce (2). (*Voir* pièce justificative n° 1.)

Or, comme cette céréale nécessite une irrigation continue, un défrichement préalable, et que, de plus, les racines de la plante divisent le sol à l'infini, l'eau pénètre profondément la terre, dissout le sel et l'entraîne avec elle en s'écoulant, de telle façon qu'au bout d'une ou deux années au plus, les terrains, sont entièrement dessalés, et que toutes les cultures, sans exception, deviennent faciles et productives là où aucune d'elles n'était possi-

(1) Le riz se sème en avril, mai et juin, et se récolte en octobre. Le fonds de roulement nécessité par cette culture ne reste donc pas plus de six à sept mois dehors.

(2) Les Chinois, qui connaissent parfaitement la culture du riz, le savent si bien que, dans certaines localités, ils exécutent des travaux particuliers pour saler de nouveau leurs rizières, quand ils s'aperçoivent que le terrain en est trop adouci.

ble auparavant. La compagnie qui opère actuellement sur le domaine appelé le *Château d'Avignon*, a ensemencé cette année en froments et en trèfles des terres sur lesquelles elle avait cultivé le riz, en 1847, pour la première fois, et qui, en 1846, étaient complétement improductives ; ces froments et ces trèfles sont les plus beaux du pays ; les froments promettent une récolte de 12 à 15 pour 1. Des lins ont également donné des produits magnifiques (1).

De tels résultats étaient faits pour communiquer une vive impulsion à l'extension d'une culture qui changeait d'une façon si remarquable toutes les conditions de la propriété dans le pays ; c'est ce qui est arrivé.

En 1844, année où furent tentés les premiers essais, on s'était borné à ensemencer sur les bords du Rhône 1/3 d'hectare qui produisit en nombres ronds 1,200 kilogrammes de riz, et, en 1845, 1/2 hectare qui rendait 2,000 kilogrammes.

En 1846, 22 hectares ont produit 44,000 kilogrammes ; en 1847, 500 hectares ont produit 1,000,000 kilogrammes ; en 1848, 1,000 hectares produiront, d'après le bel aspect de la récolte, plus de 2,000,000 de kilogrammes.

En 1844, la culture du riz employait *un jardinier ;* elle occupe aujourd'hui plus de *quinze cents ouvriers agriculteurs.*

Ajoutons que les riz récoltés dans le Delta sont d'une excellente qualité, et que toutes les personnes qui en ont fait usage les préfèrent de beaucoup aux riz de la Lombardie et du Piémont ; c'est, au surplus, ce que l'on observe pour tous les produits agricoles qui viennent dans les terrains salés.

Avant dix ans, si les propriétaires avaient à leur disposition les capitaux nécessaires, le *Delta du Rhône* aurait plus de 50,000 hectares cultivés en riz ; or, 50,000 hectares cultivés en riz,

(1) Une fois que les terrains ont été dessalés, il suffit d'entretenir l'humidité du sol pour que le sel ne reparaisse plus. La végétation, en abritant la terre contre l'action aspirante des rayons solaires, produit à elle seule ce résultat. Dans le pays, on protége les céréales par des couches de roseaux que l'on étend sur la surface des champs ensemencés ; ces couches de roseaux, qui entretiennent l'ombre, et maintiennent avec elle l'humidité, empêchent le sel de se montrer.

c'est une production de 100,000,000 de kilogrammes, soit 1,250,000 hectolitres de riz; en d'autres termes, c'est la nourriture de 625,000 hommes, à 2 hectolitres de riz par tête et par an, et le travail d'au moins 5,000 familles, en comptant seulement une famille pour 10 hectares de terre améliorée.

Ainsi, il est dorénavant constaté par des faits, c'est-à-dire de la façon la plus authentique, la plus irrécusable, que le riz est la clef de toutes les autres cultures, qu'il donne des produits abondants dès la première année, et qu'en raison de ses effets sur le sol, on pourra, quand on le voudra, remplacer le riz par la prairie naturelle arrosée et l'élève en grand du bétail, tout comme on pourra le remplacer par de petites cultures : telles que la culture du chanvre, du lin, du sésame, de la vigne, du mûrier, de la garance, etc., au fur et à mesure que l'augmentation de la population le permettra. La culture du riz, bien que très lucrative par elle-même, peut et doit, en conséquence, être considérée comme une transition à l'établissement de la prairie naturelle arrosée qui sera toujours l'un des moyens les plus simples, les plus sûrs et les plus productifs d'utiliser le sol. Le Midi manque de fourrage et de viande, il faut lui en donner.

Sur les bords de la Durance, l'hectare de prairie arrosée vaut de 8 à 12,000 francs; or, les alluvions du Rhône sont de meilleure qualité que les alluvions de la Durance, et les eaux du Rhône bien préférables à celles de la Durance pour l'irrigation. On peut donc penser, avec la certitude de ne pas se tromper, que les prairies arrosées des bords du Rhône vaudront au moins autant que celles des bords de la Durance, lesquelles, d'ailleurs, d'après les avantages signalés plus haut, sur la position du Delta, sont beaucoup moins bien situées.

Les beaux travaux de MM. Dutacq d'Epinal, sur les bords de la Moselle, prouvent ce que l'on peut obtenir à l'aide de l'irrigation. Là, des surfaces de gravier qui semblaient vouées à une stérilité éternelle, sont converties en prairies valant de 4 à 5,000 f. l'hectare. C'est ce qui a également eu lieu, sur le plateau caillouteux de la *Crau*, au moyen des eaux de la Durance; toutefois, avec la différence qui se fait sentir entre le ciel de la Lorraine et le ciel de la Provence, entre le Nord et le Midi. La formule de M. Auguste de Gasparin, que nous avons citée plus haut, est d'une rigueur mathématique.

En même temps que l'industrie agricole multipliait ses produits, elle agrandissait et perfectionnait ses moyens d'action.

Sur le domaine de *Paulet*, l'arrosage s'exécute au moyen d'une machine à vapeur de 12 chevaux, pouvant arroser 2 à 300 hectares (1); sur le domaine du *Château d'Avignon* par des appareils à vapeur d'une force collective de 75 chevaux, pouvant arroser 2 à 3,000 hectares. Ces derniers appareils ont donné lieu à une combinaison qui doit singulièrement faciliter les progrès de l'irrigation, et qui est appelée à exercer une influence considérable sur l'amélioration du Delta. Le constructeur, M. Hubert, de Paris, livre les machines, les pose, les répare et les entretient à ses frais moyennant une rétribution de 40 francs par hectare, pour une certaine quantité d'eau qu'il prend l'engagement d'élever à une hauteur déterminée pendant un temps prévu et fixé. De cette façon, les propriétaires, se trouvant délivrés des détails toujours compliqués qui concernent la réparation et l'entretien des machines, peuvent donner tous leurs soins, toute leur attention aux opérations agricoles. C'est le principe salutaire de la division du travail appliqué à l'agriculture.

Il est, en outre, important de remarquer que, le riz exigeant au moins deux fois autant d'eau que la prairie naturelle arrosée, les appareils à vapeur, dont il vient d'être question, serviront plus tard à l'irrigation d'une surface de prairies deux fois plus considérable, soit, par conséquent, de 600 hectares dans le premier cas, et de 6,000 hectares dans le second ; ce qui réduirait à 20 fr. par hectare le prix de l'eau d'arrosage, prix inférieur à celui auquel on la paie sur la plupart des canaux d'irrigation (2).

(1) On se propose d'y établir incessamment deux autres machines d'une force totale de 30 à 35 chevaux. On doit aussi y monter, sous peu de jours, des moulins à décortiquer le riz, d'après les procédés américains. Les appareils viennent de New-York.

(2) L'eau nécessaire à l'irrigation d'un hectare de prairie coûte : sur le canal de

Quant aux dépenses et aux recettes, on a calculé que les frais annuels occasionnés par l'exploitation d'une rizière, non compris les frais d'établissement qui s'élèvent à 3 ou 400 fr., selon la localité, et qui, une fois faits, ne se renouvellent plus, peuvent varier de 2 à 300 fr. par hectare, et que le produit *net*, en ne supposant qu'un rendement moyen de 2,000 kil. par hectare, et en calculant le riz *mondé*, c'est-à-dire *décortiqué* ou débarrassé de son enveloppe, au prix minimum de 40 fr. les 100 kil. est d'environ 250 fr. par hect. (1). (*Voir* pièce justificative n° 2.)

On conçoit dès lors l'énorme augmentation de valeur qu'une si riche culture donne à la terre.

Avant l'introduction du riz dans le *Delta du Rhône*, l'hectare de terrain *salant* ne valait guère que 4 à 500 fr. ; la culture du riz lui communique une valeur de 3 à 4,000 fr. au moins. Or, 70,000 hectares, y compris environ 25,000 hectares de marais *salants* qui peuvent être aisément desséchés, ainsi qu'on le verra plus bas, sont admirablement propres à la culture du riz et peuvent être complétement transformés par elle. La fortune publique qui, en définitive, on ne saurait trop le répéter dans un moment où le sophisme cherche à ébranler les fondements de la Société, se compose de la somme des fortunes particulières, qui en suit toutes les variations, qui en subit toutes les vicissitudes, qui croît et décroît avec elles ; la fortune publique est donc elle-même directement et puissamment intéressée aux progrès d'une culture dont elle est appelée à recueillir les premiers avantages (2).

Craponne à Arles, 24 francs ; sur le canal des Alpines, 37 fr. ; sur le canal de Serras, 85 fr. ; sur le canal d'Istres et d'Entressens, 200 fr. Le riz demandant deux fois plus d'eau que la prairie, il faudrait donc doubler ces différents prix s'il s'agissait d'un hectare de rizières.

La *roue d'eau* piémontaise suffit pour arroser 40 hectares de prairies et 20 hectares de rizières ; une roue d'eau s'afferme de 1,000 à 1,500 fr. et au-delà, soit 50 à 75 fr. par hectare de rizières.

(1) M. Auguste Houyet, administrateur gérant de la société des moulins à vapeur de Bruxelles, vient de se rendre dans le Delta du Rhône pour y établir des appareils propres à la décortication du riz. Ces appareils seront semblables à ceux qui fonctionnent en Belgique pour le même objet, et qui donnent de si remarquables produits.

(2) Ces 70,000 hectares sont situés dans la partie inférieure du *Delta*, sur les bords de la Méditerranée. Ils forment, en partie, ce que l'on appelle la zône des étangs salés

En supposant que la plus-value résultant de cette culture soit seulement de 2,000 fr. par hectare, supposition évidemment au-dessous de la vérité, et la plus basse de celles adoptées jusqu'à ce jour par tous les ingénieurs, tous les hommes pratiques qui ont étudié le Delta, ce serait une valeur agricole de 140,000,000 de francs créée au bénéfice du pays. Mais cette plus-value ne se bornerait pas aux 70,000 hectares dont il vient d'être parlé ; elle s'étendrait, sans nul doute, à plus de 100,000 hectares sur les 150,000 dont se compose le Delta, et s'élèverait en réalité à plus de 200,000,000 de francs, qui supporteraient dès lors aisément un impôt d'un *deux centième* de la valeur totale, soit de 1,000,000 de francs représentant le dixième du revenu calculé à 5 °/₀, impôt qui croîtrait lui-même avec le revenu, et qui pourrait plus tard rapporter au Trésor une somme annuelle de 1,500,000 et même de 2,000,000 de francs, suivant que la terre serait mise en état de supporter une taxe de 10, 15 et 20 francs par hectare.

De son côté, la production suivrait le même développement ; en adoptant, pour rendement moyen, le chiffre de 2,000 kilogrammes de riz par hectare, que l'on a obtenu dès la première année de grande culture, cette production ne serait pas moins de 200,000,000 de kilogrammes, soit de 2,500,000 hectolitres de riz, ou la nourriture de 1,250,000 hommes, et le travail utile de plus de 10,000 familles. Mais il est clair que le rendement adopté n'est qu'un minimum qui sera bientôt dépassé aussitôt que la pratique se sera perfectionnée, que les bons procédés seront mieux connus, que les terres auront été améliorées par l'irrigation, la culture et les engrais, et surtout aussitôt que, par

et des marais ; c'est là, que les terres ont le moins de prix (à à 500 fr. l'hectare), quoique supérieures à toutes les autres par la composition géologique du sol ; c'est là, également que, par leur peu d'élévation au-dessus du niveau moyen des eaux du Rhône, elles se prêtent le plus facilement à l'irrigation ; c'est là, par conséquent, qu'il y a le plus à faire et que les résultats seront le plus importants parce que l'augmentation de valeur sera le plus considérable. Dans la partie supérieure du *Delta*, les terres sont dans une toute autre situation agricole ; sur quelques points même, elles parviennent à un remarquable degré de richesse, comme, par exemple, dans le voisinage d'Arles, où les terres labourables valent de 4 à 5,000 fr. et les prairies arrosées de 12 à 14,000 fr. l'hectare.

suite de cette amélioration, les petites exploitations, où tout se fait avec bien plus de soins, bien plus d'exactitude, bien plus d'économie, auront succédé aux travaux toujours moins parfaits de la grande culture.

Au surplus, que l'on exploite le sol au moyen du riz ou de la prairie naturelle arrosée, combinée avec l'élève du bétail, la masse des subsistances n'en sera pas moins accrue dans la même proportion.

Dans les graves conjonctures où se trouve le pays, un résultat de cette importance, résultat, on ne saurait assez le redire, qui n'a rien de problématique, rien de conjectural, rien de douteux; qui repose sur une expérience acquise, sur des faits matériellement constatés, sur la pratique de plusieurs siècles et de plusieurs peuples, sur une culture embrassant non plus seulement *le tiers* ou *la moitié* d'un hectare, mais *des centaines* d'hectares; un tel résultat, disons-nous, mérite que les grands pouvoirs de l'État y songent sérieusement et en aident le développement par tous les moyens dont ils disposent.

Augmenter la production de la terre, c'est réellement augmenter l'étendue du sol national; c'est conquérir de nouveaux territoires, conquêtes pacifiques qui, du moins, ne coûtent point de larmes, et, mieux que des batailles gagnées, honorent la civilisation, grandissent la puissance des peuples, contribuent au bonheur et au progrès de l'humanité.

Les propriétaires du Delta, ainsi qu'il a été dit plus haut, ont fait ce qui dépendait d'eux dans les limites de leurs facultés et de leurs forces; malheureusement ils manquent des capitaux nécessaires pour donner à leurs travaux l'impulsion dont ces travaux seraient susceptibles.

Aujourd'hui il leur est extrêmement difficile, peut-être même impossible de trouver les fonds indispensables à des entreprises dont l'utilité publique et privée est cependant incontestable.

Plusieurs d'entre eux possèdent d'immenses surfaces de terres qui pourraient devenir essentiellement productives; il serait aisé au gouvernement, nous en avons la certitude, sans grever le trésor, de s'entendre avec eux pour créer sur ce point du territoire un vaste ensemble de travaux agricoles (1). En présence de la nécessité qui nous presse, et des avantages que la société est appelée à retirer d'une semblable combinaison, l'hésitation n'est pas permise.

Dès à présent, suivant les facilités qui leur seront données, ils peuvent employer jusqu'à 10,000 travailleurs. Ils ont la terre ; des milliers de bras sont inoccupés ; le Gouvernement seul peut leur fournir le moyen de tirer parti de la première en utilisant les seconds d'une façon profitable pour tous.

En l'absence du crédit privé, n'est-ce pas au crédit de l'État, sous quelque forme qu'il se manifeste, à favoriser tout ce qui doit contribuer à la prospérité du pays? Il ne saurait, dans tous les cas, en être fait nulle part un usage plus utile, plus certain, plus sage, plus politique et plus fécond.

L'État dépense une somme de 25,000,000 pour les travaux de la Neste et l'irrigation de 15,000 hect. Ici, avec une somme beaucoup moindre, ou plutôt sans bourse délier, il produit des résultats bien autrement considérables. Il donne l'élan à un immense territoire ; il détermine l'amélioration de plus de 100,000 *hectares ;* il augmente la valeur foncière du sol national d'au moins 200 *millions ;* il crée de nouveaux produits et débarrasse la France du tribut annuel qu'elle paie à l'étranger (2); il atténue les souffrances occasionnées par les temps de disette ; il accroît la masse des subsistances dans une proportion énorme, celle de la nourriture de 1,250,000 *personnes ;* il fait jaillir de la terre une richesse que rien ne peut plus détruire ; il prépare de nouvelles sources à l'impôt ; enfin, et cette considération, en raison des circonstances, est un des points les plus importants de la ques-

(1) Le bas Delta se compose de huit domaines, dont l'un a 23,000 hect., et les autres, de 1,000 à 4,500 hect. ; ensemble 40,000 h. environ. Tous ces domaines se touchent.

(2) Le Piémont exporte annuellement environ 400,000 quintaux métriques, soit 500,000 hectolitres de riz, d'une valeur de 15 à 16 millions. Une grande partie de ce riz vient en France ; il nous serait facile de nous affranchir de cette sujétion. Nous ne voulons pas dire par là qu'un peuple ne doive rien acheter à ses voisins, loin de là ; mais en fait de subsistances, il vaut encore mieux qu'il puisse se suffire à lui-même.

tion, il donne immédiatement du travail à des milliers d'ouvriers sans emploi, et contribue d'une manière certaine et durable au bien-être à venir d'un grand nombre de familles.

Il y a là plus de raisons qu'il n'en faut pour le décider.

Quelques personnes redoutaient jadis l'insalubrité de la culture du riz; cette crainte n'est plus admissible; si elle l'était, il faudrait condamner toutes les tentatives faites pour améliorer le sol. On sait, en effet, que le défrichement des terrains incultes occasionne presque toujours le dégagement de miasmes plus ou moins nuisibles. La Sologne, d'ailleurs, la Dombe et tant de localités qui se trouvent dans le même cas, sont-elles donc parfaitement salubres, et faut-il pour cela les laisser improductives?

Mais il est d'autres raisons propres à faire disparaître les appréhensions que l'on pourrait conserver à cet égard.

D'abord, la plante du riz par elle-même n'exhale aucun gaz délétère et ne préjudicie en aucune façon à la santé des populations environnantes.

Ensuite, les émanations des rizières, où l'eau se renouvelle sans cesse par l'action continue de l'arrosage, et dont le sol, parfaitement nivelé, est toujours recouvert d'une couche liquide, sont bien moins fâcheuses que celles des marais où les eaux s'amassent pendant la saison des pluies, et où elles croupissent pendant les chaleurs de l'été, laissant à nu, par suite des inégalités naturelles du sol, de nombreuses surfaces d'un terrain humide et vaseux qui fermente au soleil, se putréfie, et répand dans l'air les germes de l'infection.

L'établissement des rizières pouvant, en outre, être considéré, ainsi qu'il a été dit, comme une *transition nécessaire* à l'établissement de la prairie naturelle arrosée, offre par cela même un moyen précieux d'améliorer les conditions générales de la santé publique. On peut, en effet, substituer avec certitude, dans un avenir peu éloigné, un pays parfaitement sain à un pays qui, dans l'état actuel, laisse à désirer sous le rapport de la salubrité (1).

(1) Dans le *delta du Nil*, la salubrité a crû, et croît tous les jours en même temps que la culture du riz s'étend et se propage.

La vallée du Rhône, ouverte du nord au sud, est, de plus, dans des conditions toutes particulières et bien autrement favorables que celle du Pô, qui est fermée du côté du nord et ouverte seulement de l'est à l'ouest. Dans la première, les vents du nord, qui soufflent pendant la plus grande partie de l'année, rafraîchissent et purifient l'atmosphère d'une manière remarquable, tandis que rien de pareil n'a lieu dans la seconde. Le *mistral* est la providence du *Delta du Rhône*. Aussi les fièvres qui s'y font sentir de temps à autre n'ont-elles presque jamais le caractère pernicieux. Ce sont, en général, des fièvres tierces, sans complications, qui disparaissent facilement et promptement devant les moyens curatifs ordinaires, et dont on peut se préserver avec une hygiène, des vêtements et des soins en rapport avec les influences climatériques de la localité (1). Il n'en est malheureusement point de même dans le bassin du Pô, où, par suite des circonstances que nous avons signalées, les maladies endémiques ne sont que trop souvent mortelles. Ainsi donc nulle comparaison à établir, sous ce rapport, entre la vallée du Rhône et la vallée du Pô. (*Voir* pièce justificative n° 3.)

Voilà pour les travaux purement agricoles qu'attend le *Delta du Rhône*, et qui en renouvelleront la face aussitôt qu'on le voudra ; ces travaux, comme on a pu le voir, doivent être suivis de résultats assez importants, assez actuels, pour appeler une attention sérieuse et mériter une prompte satisfaction.

Mais ils ne sont pas les seuls ; d'autres travaux, qui se lient intimement à eux, et qui touchent aux plus hautes questions économiques et politiques, aux besoins les plus vitaux du commerce et de l'industrie, réclament à leur tour toute la sollicitude du Gouvernement.

Ces travaux sont :

(1) Le climat de cette contrée est chaud et humide, cependant il n'est pas aussi malsain que quelques personnes l'ont publié, et même qu'il pourrait le paraître à ceux qui n'y ont fait qu'un court séjour. Les vents qui suivent la vallée du Rhône, et principalement le *mistral*, qui y souffle avec une violence extrême, purifient l'air et hâtent l'évaporation de l'humidité superficielle des marais, de sorte que, pendant l'été, il n'y a de l'eau que dans les étangs, et leurs bords ne sont plus que des prés palustres, dont le sol est ferme et sec, et produit des herbages épais. (*Statist. des Bouches-du-Rhône*).

1° L'amélioration du Rhône à son embouchure, par l'ouverture du canal Saint-Louis ;

2° L'amélioration des chaussées du Rhône, d'Arles à la mer ;

3° Le barrage du petit Rhône ;

4° L'exécution d'un bourrelet de ceinture, ou chaussée, destiné à préserver toute la partie inférieure du Delta des invasions accidentelles de la Méditerranée.

Nous les examinerons succinctement les uns après les autres.

1° Amélioration du Rhône à son embouchure.

(CANAL SAINT-LOUIS).

On sait que tous les grands fleuves forment, à leur embouchure dans la mer, de vastes attérissements ou des *barres* qui gênent l'entrée et la sortie des navires, l'interceptent souvent tout-à-fait, et causent des préjudices sans nombre aux relations commerciales. Ces *barres* sont occasionnées par l'action des eaux marines qui retiennent les eaux fluviales, en neutralisent le courant, et favorisent, par conséquent, le dépôt des substances terreuses que celles-ci tiennent en suspension, en les refoulant sans cesse par l'action des vagues ; ce qui leur donne l'aspect d'une sorte de cordon demi-circulaire dont la courbe enveloppe toute l'étendue de l'embouchure, et dont la convexité est tournée du côté de la mer. Elles sont en proportion directe avec les quantités de limon charriées par les fleuves, et constituent un obstacle et un danger permanents pour la navigation. En deçà, comme au-delà de la *barre*, les profondeurs sont considérables ; mais les hauts fonds qui règnent sur toute la ligne suivant laquelle se développe cette *barre*, ne permettent qu'à des bâtiments d'un très faible tonnage de la franchir.

Dans les mers océaniques, le flux et le reflux atténuent l'effet de ces immenses amas de limon, parce que les courants qui s'établissent tour à tour, en sens inverse, dans le lit des fleuves, en dégagent le chenal, y forment de véritables chasses naturelles, et, par conséquent, y creusent des passages pour les navires. Mais sur la Méditerranée, où le flux et le reflux sont à peine appréciables, les *barres*, formées par les dépôts des fleuves, offrent des barrières que toutes les ressources de l'art ont été impuissantes à vaincre jusqu'à ce jour, et qui sont effectivement invincibles, parce que, les causes restant les mêmes, les effets, momentanément combattus, ne tardent pas à se reproduire au-delà des ouvrages au moyen desquels on croyait les avoir à jamais détruits. Ce sont donc constamment de nouveaux travaux et de nouvelles dépenses sans résultats utiles et durables.

Ce phénomène, qui s'observe sur les plus petits cours d'eau, se fait, à bien plus forte raison, sentir sur les grands fleuves dont les eaux, comme celles du Rhône, sont presque sans cesse chargées de masses énormes de limon. Il en résulte alors des effets en rapport avec la puissance de l'agent qui les produit. Aussi la *barre* du Rhône est-elle l'une des *barres* les plus considérables de tous les fleuves méditerranéens. Non seulement c'est à ce fleuve que l'on doit, ainsi que nous l'avons expliqué plus haut, les immenses dépôts d'alluvions qui constituent le territoire appelé aujourd'hui le *Delta du Rhône*, mais c'est encore lui qui couvre de ses attérissements tous les rivages occidentaux de la Méditerranée, qui obstrue journellement le port de Cette, et fait sentir son action jusque sur les côtes d'Espagne.

Du côté de l'est, au contraire, cette action est nulle, en raison des courants qui règnent le long du littoral, et entraînent toutes les terres à l'ouest. Ainsi le port de Bouc, qui n'est qu'à 10 kilomètres, *est*, de l'embouchure du Rhône, reste parfaitement libre, tandis qu'à 100 et 200 kilomètres de là, la côte *ouest* de la Méditerranée s'encombre des alluvions du fleuve.

Les conséquences d'un pareil état de choses sont faciles à comprendre. L'entrée du Rhône étant fermée par de vastes hauts fonds, les navires d'un tonnage tant soit peu élevé ne peuvent passer. En aval, et à une certaine distance de la *barre*, la mer offre des profondeurs considérables ; en amont, et jusqu'à 14 kilomètres environ dans l'intérieur des terres, le fleuve présente un tirant d'eau de 7 mètres au moins, tirant d'eau qui va jusqu'à près de 20 mètres, et qui serait, en conséquence, plus que suffisant pour admettre des frégates et des vaisseaux de ligne ; tandis que, sur la *barre*, la profondeur se réduit à 1 mètre 50 centimètres, et quelquefois même à 1 mètre seulement ; circonstance qui ferme au commerce l'entrée de ce magnifique bassin intérieur de navigation, le plus beau, sans contredit, de tout le cours du Rhône, véritable lac d'environ 1,000 hectares carrés de superficie, où le courant du fleuve se fait à peine sentir dans les temps ordinaires, et dont, à l'aide de travaux simples et peu coûteux, comme on va le voir, l'État pourrait faire l'un des ports les plus vastes, les plus sûrs et les mieux situés du monde entier (1).

Les seuls bâtiments qui fréquentent actuellement ces parages sont de mauvaises barques ou *allèges* de cinquante à cent tonneaux qui ne franchissent la *barre* qu'avec de grandes difficultés, des périls réels, et qui, suivant l'état de l'atmosphère, du fleuve ou de la mer, restent quelquefois des mois entiers sans pouvoir entrer ou sortir. On conçoit les dommages qu'en éprouvent toutes les relations, les chômages, les pertes de temps, les avaries, la sur-élévation des prix de nolisement qui résultent d'une pareille situation, et combien l'économie des transports, cette base essentielle de la prospérité commerciale d'une nation, en est profondément altérée.

Aussi, depuis longtemps, la solution du problème des embouchures du Rhône est-elle à l'ordre du jour. Les villes riveraines du Rhône, notamment les villes d'Arles et de Lyon, ont maintes fois sollicité le Gouvernement de faire exécuter des études sérieuses dans ce but. (*Voir* pièce justificative n° 4.)

De son côté, la navigation à vapeur du Rhône qui lutte presque d'importance, pour la puissance et le tonnage des bâtiments qu'elle emploie, avec celle du Mississipi (2); qui a déjà rendu de si grands services au pays, et qui doit lui en rendre de plus grands

(1) Le port de Marseille n'a pas plus de 28 hectares de superficie.

(2) Les bateaux à vapeur, au moyen desquels s'effectue actuellement la navigation du Rhône, ont jusqu'à 140 mètres de long sur 14 de large ; ces bateaux sont mûs par

encore à l'avenir ; la navigation à vapeur du Rhône a constamment demandé qu'on la délivrât des obstacles matériels qui gênent son essor et qu'on la mît en rapports immédiats et directs avec la grande navigation maritime, afin de s'alimenter à bas prix et de pouvoir engager avec les compagnies de chemins de fer une lutte toute dans l'intérêt général, le bon marché des transports étant une des conditions essentielles de la richesse publique, représentée par ses trois éléments constitutifs et fondamentaux, l'agriculture, le commerce et l'industrie.

Le gouvernement aussi sentait qu'il y avait *quelque chose à faire* ; des promesses formelles avaient été faites ; des engagements solennels avaient été pris ; et cependant, pour une raison ou pour une autre, la question n'avançait pas ; les jours, les mois, les années s'écoulaient, la situation empirait et rien ne se faisait.

Plusieurs projets avaient été présentés à différentes époques ; mais aucun d'eux ne résolvait convenablement le problème.

Deux surtout, dans ces derniers temps, avaient occupé les esprits.

L'un, proposé par M. Poulle, ingénieur en chef des ponts et chaussées, consistait en une rectification du canal d'Arles au port de Bouc, canal qui ne remplit pas et ne peut remplir l'objet pour lequel il a été créé. Ce projet, outre qu'il aurait exigé des dépenses considérables pour être mis en rapport avec les besoins nouveaux de la navigation, ainsi que l'a très judicieusement fait observer M. Baude dans un remarquable travail publié sur les côtes de la Provence (*Revue des Deux-Mondes*, n° du 1er mars 1847) ; ce projet, disons-nous, donnait lieu à des objections sérieuses. Bien que, sans aucun doute, le plus rationnel de tous ceux proposés jusqu'alors, il n'avait pas chance d'être adopté.

des machines à vapeur de 3 à 400 chevaux, peuvent porter 500 tonnes, et remontent d'Arles à Lyon en 36 heures ; il fallait, il y a 20 ans, 2 et 3 mois pour faire le même trajet. C'est à M. Bourdon, constructeur du Creuzot, que l'on doit ces beaux appareils qui ont changé les conditions de la navigation fluviale. Les remorqueurs à grappins de M. Verpilleux sont destinés à opérer une nouvelle révolution dans les prix du transport. Ce sont là des choses que l'on ne sait pas assez à Paris.

L'autre, connu depuis longues années, et récemment étudié de nouveau par M. Surell, ingénieur du Rhône, d'après les vœux d'une commission Arlésienne, avait pour but l'amélioration directe des embouchures du Rhône, au moyen d'un double système de digues longitudinales parallèles, qui devraient suivre les deux rives du fleuve, fermer les bouches secondaires par lesquelles il se réunit à la mer, et concentrer toutes les eaux dans un chenal unique. Les partisans de ce genre de travail espéraient ainsi obtenir un courant suffisant pour creuser les atterissements de la *barre* et y frayer un passage praticable aux navires.

Mais il est évident que ce projet, dont il est question depuis plus de deux-siècles, et qui a toujours été repoussé, pèche par la base. En effet, sans insister sur l'impossibilité matérielle d'obtenir un courant à l'endroit où, par un large et subit épanouissement de la veine liquide, le fleuve épanche ses eaux dans la mer lentement et presque sans mouvement apparent, en raison de la résistance que celle-ci leur oppose et de l'absence de toute espèce de pente, le phénomène qui se manifeste actuellement à l'embouchure naturelle ne manquerait pas de se manifester immédiatement de nouveau, par l'effet des mêmes lois, à l'entrée de l'embouchure artificielle que l'on se serait donné la peine inutile de créer à grands frais. La *barre* aurait été déplacée, non détruite. Les travaux de cette nature, placés dans les mêmes circonstances, sont des travaux irrévocablement jugés. (*Voir* pièce justificative n° 5.)

Les embouchures du Rhône sont et seront toujours incorrigibles, disait Vauban qui, en 1665, chargé de visiter les côtes de la Méditerranée, fit une étude attentive et particulière des embouchures du Rhône. Depuis, les années et les observations de la science n'ont fait que confirmer l'opinion de ce grand homme, dont le génie n'était étranger à rien de ce que l'esprit humain peut embrasser.

Voici comment s'exprimait, en 1838, deux siècles environ après Vauban, M. le Ministre des Travaux publics, à propos des ouvrages auxquels peuvent donner lieu les embouchures des rivières s'ouvrant sur des mers où les marées sont peu considérables.

« *Beaucoup de tentatives* ont été faites et *de grands travaux* « ont été entrepris pour combattre un mal qui menace incessamment l'existence du port de Bayonne. Le lit du fleuve, « *près de son embouchure*, a été encaissé entre deux longues « digues terminées par des jetées, et l'on est ainsi parvenu à « rendre invariable cette partie de son lit ; mais *on n'a jamais « réussi à faire disparaître la barre, ni même à augmenter la « profondeur de la passe.* C'EST UN FAIT BIEN RECONNU QU'UNE PA- « REILLE TENTATIVE NE PEUT OBTENIR DE SUCCÈS. (*Exposé d'un « projet de loi sur les Ports*, Moniteur 1838.)

Après une semblable déclaration, déclaration qui résume l'opinion du Conseil général des ponts et chaussées, il n'y a rien à ajouter. Nous ne ferons qu'une seule remarque, c'est que l'Adour, dont il est question ici, a des marées de 2 à 3 mètres, tandis que celles du Rhône ne s'élèvent pas à 20 centimètres, c'est-à-dire, sont à peu près complétement nulles. On peut donc, à bien plus forte raison, appliquer au Rhône ce qui vient d'être dit de l'Adour.

Le problème de l'amélioration des embouchures du Rhône en était au point où nous l'avons vu quand l'auteur de ce mémoire fut conduit, par l'examen attentif des lieux, à proposer, au mois de mars 1847, une solution qui paraît renfermer tous les avantages inhérents aux autres projets sans en présenter les inconvénients, et qui fut immédiatement adoptée avec une extrême faveur par tous les hommes compétents.

« Ce projet (le projet du *canal Saint-Louis*), dit M. l'ingé- « nieur Surell, dans l'avant projet manuscrit adressé par lui au « Gouvernement, vers le commencement du mois de juin 1847, « avait souvent été agité par les marins de la localité. Il occupait « vaguement l'esprit de quelques personnes, quand M. Peut, « appuyé de MM. Bonnardel, propriétaires de huit bateaux à « vapeur sur le Rhône, le mit en avant comme offrant la meil-

« leure solution du problème des embouchures. *Cette idée a été « accueillie de suite avec une extrême faveur par tout le com- « merce maritime d'Arles.* »

Cette solution consiste dans l'ouverture d'un canal maritime de grande navigation, qui partirait d'un point nommé *la Tour Saint-Louis*, situé sur la rive gauche du Rhône et voisin de son embouchure, pour aller de là se terminer à l'extrémité occidentale du golfe de Fos, dans une partie de ce golfe que les marins connaissent entre eux sous le nom très caractéristique de *Baie du Repos*, et où ils trouvent un abri excellent quand le gros temps les empêche de franchir les embouchures.

Ce parage est abrité, par le long promontoire des embouchures du Rhône, contre les vents d'ouest, de sud-ouest et de sud-est; de plus, il participe à l'avantage général de la rade de Fos d'être fermé du côté du nord et de l'est, d'où il résulte : « qu'il est à peu « près couvert de tous les côtés, et *qu'il constitue une véri- « table rade dont les alluvions du Rhône ont fait tous les frais, en se « disposant en forme de jetées naturelles.* » (Mémoire de M. Surell, page 89.)

« La sécurité qu'il offre, ajoute un peu plus loin M. Surell, « est due à la saillie générale que fait l'embouchure, indépen- « damment de ses contours, et cette saillie, qui existait déjà « en 1766, loin de s'effacer aujourd'hui ne peut que s'accroître. « Ce n'est donc pas ici un état passager, nouvellement créé par « un accident dans la forme des *Theys* (nom que l'on donne aux « îlots de l'embouchure du Rhône), et qui, bon aujourd'hui, « pourra ne plus l'être demain. Il s'agit d'une disposition qui « existe depuis un siècle, *et que l'avenir ne peut qu'améliorer « quant à l'abritement contre les lames.* »

La *Tour Saint-Louis* est l'endroit où finit la navigation fluviale proprement dite, et où commence la navigation maritime. C'est à cet endroit, admirablement disposé du reste sous ce rapport, et à quelques mètres en aval de la Tour, que le canal projeté prendrait naissance. Ce canal, connu aujourd'hui sous le nom de *Canal Saint-Louis*, n'aurait que 4,500 mètres de développement, et serait exécuté dans des proportions suffisantes pour recevoir une largeur de 60 mètres et une profondeur susceptible d'admettre des bâtiments de 5 à 600 tonneaux. Cette profondeur pourrait être, au surplus, aisément augmentée plus tard, suivant les besoins à venir du commerce et de la navigation.

Une seule écluse le fermerait sur le Rhône afin de racheter la faible différence de niveau, 30 à 40 centimètres, existant entre le fleuve et la mer, et surtout afin d'empêcher les envasements produits par le dépôt des eaux troubles. Cette écluse aurait 120 mètres de long sur 15 de large, et 4^{m},50^{c} de profondeur, de façon à ce que les plus grands bateaux à vapeur du Rhône et des navires de 2 à 300 tonneaux puissent y passer sans obstacle ; il n'y aurait, dans tous les cas, aucune difficulté sérieuse à lui donner telle hauteur d'eau que l'on voudrait. Aucun autre ouvrage d'art ne retarderait le mouvement de la navigation.

Le surplus du canal, dirigé en ligne droite de l'ouest à l'est, serait alimenté par les eaux de la mer, dans laquelle il viendrait se terminer par une ou deux jetées. Ce canal serait, à proprement parler, une embouchure artificielle qui aurait le précieux privilège de ne pas s'attérir et de présenter invariablement un grand tirant d'eau.

Au moyen de ce travail la *Baie du Repos* deviendrait une rade que de faciles travaux pourraient successivement améliorer, et dans laquelle les navires trouveraient en tous temps un abri sûr, à côté d'un golfe dont le mouillage est excellent, et dont les eaux peuvent recevoir les plus grands bâtiments de la marine commerciale et de la marine militaire. Des escadres anglaises sont venues plusieurs fois prendre leur hivernage dans le golfe de Fos pendant les guerres de l'Empire.

Le canal lui-même serait un véritable port offrant l'accès le plus facile, et présentant une hauteur d'eau qu'un simple draguage, exécuté sur les points où cela pourrait être nécessaire, maintiendrait à une profondeur toujours égale.

Sous ce double rapport, la supériorité de ce projet sur l'amélioration directe des embouchures, qui seraient toujours, et dans tous les cas, un très mauvais passage, est incontestable.

Quant aux envasements, ils ne seraient nullement à craindre ; on se rappelle, en effet, que le courant marin littoral chasse les dépôts du Rhône du côté de l'*ouest*; or, le canal débouche précisément à l'*est* du fleuve. D'ailleurs quelques ouvrages faciles et peu dispendieux feraient disparaître toutes les craintes que l'on pourrait concevoir à cet égard.

« Le *canal Saint-Louis*, dit, dans un parallèle qu'il établit « entre les différentes solutions, M. l'ingénieur Surell, dont les « études ont embrassé les deux projets ; le *canal Saint-Louis* se- « rait-il de même préférable à l'endiguement des embouchures, « tel que nous l'avons proposé? Cette question ne peut, selon « nous, être tranchée que par une enquête faite avec soin, où « les hommes pratiques, les marins et les compagnies de paque- « bots auront fait connaître leurs préférences et leurs besoins.

« Les deux solutions semblent égales à beaucoup d'égards. « Elles ouvrent deux voies vers la mer, dont le départ commun « est à la Tour Saint-Louis, qui débouchent sur la même plage « à 3 kilomètres l'une de l'autre, et il semble indifférent à la na- « vigation, quant à la direction même des deux routes, de pren- « dre l'une ou l'autre.

« Des deux côtés il y a lutte contre les envasements, avec l'es- « poir d'en triompher ; ici, *où ils sont formidables*, en s'aidant « de la chasse énergique du fleuve (1); là, où ils sont faibles, « par le secours des machines. Si le canal exige un service d'é- « clusiers, le Rhône aura son balisage et ses pilotes lamaneurs. « Tous deux ne rempliront leur but qu'à l'aide de travaux in- « cessants : sur le Rhône, ce sont les jetées *assujéties à suivre « en mer la barre fuyant devant elles;* sur le canal c'est un dra- « guage qui doit faire équilibre aux limons introduits par le « fleuve d'un côté (c'est-à-dire par le passage de l'eau nécessaire « aux éclusées), par la mer l'autre.

(1) Cette espérance est illusoire ; il n'y a pas et ne peut pas y avoir de chasse ; à plus forte raison, de chasse *énergique*.

« Les résultats nous paraissent également certains des deux « côtés. Mais *à quel degré* l'état actuel des embouchures sera-t-« il amélioré? *Quelle sera la profondeur exacte de la passe? Voilà* « *ce qu'il serait impossible de préciser. On ne peut disconvenir* « *qu'à cet égard, le canal, qui ne présente pas cette incertitude,* « *offre par là même un avantage sur les embouchures. Il don-* « *nera le tirant d'eau annoncé, ni plus ni moins, et en le construi-* « *sant on sait au juste à quoi l'on aboutira.*

« *Cet avantage n'est pas le seul. Les embouchures, même amé-* « *liorées, ne seront jamais un passage parfaitement facile. Nous* « *pouvons bien abaisser la barre; mais que peut l'art contre les* « *forces atmosphériques et les brisants de la mer, qui interceptent* « *si souvent le passage, non pas faute de mouillage, mais faute* « *de liberté dans la manœuvre des navires? Ceux-ci auront* « *toujours à lutter contre le courant du fleuve, celui du littoral,* « *les vents contraires et les brisants, toutes les fois que la mer sera* « *mauvaise. L'approfondissement de la barre diminuera, sans* « *doute, une partie de ces difficultés; mais on ne peut espérer* « *qu'elle les efface complétement. Le canal, au contraire, s'ouvrant* « *dans une anse qui sert déjà maintenant de refuge aux navires,* « *offrira dans les gros temps une ressource précieuse. Il rendra* « *l'entrée du fleuve praticable alors qu'elle ne le serait plus par* « *l'embouchure.* »

L'opinion que nous venons de faire connaître a d'autant plus de prix, que M. Surell, par de longs et consciencieux travaux, s'était, pour ainsi dire, approprié le système de l'amélioration directe des embouchures du Rhône, au moyen des digues longitudinales parallèles, et qu'il devait avoir pour ce projet, la prédilection naturelle que nous portons tous à ce qui émane de nous; tandis que l'idée du *canal Saint-Louis* ne lui avait été communiquée que longtemps après et pouvait très bien ne pas jouir à ses yeux de la même faveur. Cette opinion, qui honore la franchise et la loyauté de l'ingénieur, est décisive; c'est le *certain* opposé à *l'incertain*; le choix ne peut être douteux.

Les avantages qui résulteraient pour le pays, de l'ouverture du *canal Saint-Louis*, sont incalculables et illimités comme les progrès de toutes sortes auxquels il donnerait lieu.

Au moyen de ce canal, qui mettrait les eaux profondes du Rhône en communication permanente avec les eaux de la Méditerranée, et, par conséquent, les bateaux à vapeur de Lyon en contact immédiat avec les grands bâtiments de mer, une véritable révolution s'opérerait non seulement dans le commerce du Midi, mais dans le commerce général de la France. Notre cabotage, débarrassé des obstacles qui le gênent, prendrait un nouvel essor; nous verrions s'accroître le nombre de nos navires et le nombre de nos marins; les ports méditerranéens auraient enfin des moyens de relations réguliers et faciles avec l'intérieur du pays par l'intermédiaire de la navigation du Rhône; l'exportation de nos houilles deviendrait possible, et notre marine marchande verrait ainsi s'accroître, dans une proportion considérable, l'effectif de son tonnage, en même temps que notre marine militaire se fortifierait par l'élévation progressive du chiffre de l'inscription maritime (1); les rives du Rhône inférieur, où toutes les matières premières peuvent arriver à si bas prix, qui auraient à leur disposition le fleuve et la mer, deviendraient bientôt l'un des foyers industriels les plus importants de l'Europe, et se couvriraient, avant peu, de constructions, de fabriques, d'usines, d'établissements de toutes sortes attirés par le privilége d'une situation industrielle et commerciale unique en France; elles ne tarderaient pas à présenter l'image d'une seule ville, dont le Rhône serait la grande rue, et la mer le grand chemin; enfin, le commerce de Lyon, le commerce du Rhône supérieur, de la Saône, du Haut-Rhin, de toutes les villes et de tous les départements traversés par ces rivières, le commerce de la France entière, trouveraient, dans l'économie que leur offrirait cette nou-

(1) C'est à la houille que le port de Newcastle doit toute sa fortune. Ce port, à lui seul, possède une marine jaugeant environ 200,000 tonneaux, c'est-à-dire à peu près le tiers du tonnage de toute la marine marchande de France. C'est lui qui alimente de ses houilles les rives de la Méditerranée, sur les bords desquelles se trouve, pour ainsi dire, le bassin houiller d'Alais.

velle voie de communication, les éléments d'un développement inespéré, et d'une prospérité indéfinie.

Le mouvement commercial annuel ordinaire, qui se fait actuellement entre la Méditerranée et la vallée du Rhône, dépasse 500,000 tonnes, aller et retour, tant par la voie fluviale que par la voie de terre. En supposant qu'une fois l'entrée du Rhône devenue facile, 400,000 tonnes au moins prennent exclusivement la voie fluviale, et en ne calculant que sur une économie de 10 fr. par tonneau, occasionnée par la suppression des frais de transbordement, de manutention, d'entrepôt, etc., qui grèvent la marchandise dans l'état actuel des arrivages et des transports, l'ouverture du *canal Saint-Louis* ferait immédiatement jouir le commerce français d'un bénéfice annuel d'au moins 4,000,000 de francs, qui croîtrait dans la même proportion que le développement commercial lui-même.

Dans la seule campagne de 1846 à 1847, campagne heureusement exceptionnelle, où la disette a sévi avec une intensité dont nous devons tous nous souvenir, et où le transport des céréales coûtait des sommes considérables qui renchérissaient d'autant le prix du pain, le *canal Saint-Louis* aurait épargné à la société une dépense de plus de 12 millions de francs qui a frappé surtout la portion la plus malheureuse et par conséquent la plus intéressante de la population (1); or, les devis du *canal Saint-Louis* ne s'élèvent qu'à 3,600,000 francs; il aurait donc produit dans cette seule campagne, une économie trois fois plus considérable que la somme nécessaire à son exécution.

Ces temps malheureux peuvent se reproduire. La sagesse

(1) Les journaux de Marseille apprennent que, dans la campagne de 1846 à 1847, le port de cette ville a reçu la presque totalité des grains expédiés du Levant à destination de France; les arrivages se sont élevés à 600,000 tonnes environ, qui se sont ensuite répandues dans l'intérieur du pays par la voie de terre, et surtout par la voie fluviale, dont la part a été d'au moins les 5/6mes, soit 500,000 tonnes. Mais comme le prix des transports était extrêmement augmenté, il en coûtait 30 fr. par tonne pour amener les grains de Marseille à Arles seulement; or, n'est-il pas évident que, si les navires d'Odessa eussent pu entrer librement dans le Rhône, devenu port de mer, le prix de nolisement n'eût pas été plus élevé pour cette destination que pour celle de Marseille, et qu'il en serait, par conséquent, résulté pour le commerce une économie de 30 fr. par tonne, soit, pour 500,000 tonnes, 15,000,000 de francs.

commande de prendre d'avance toutes les mesures propres à en atténuer les effets. Le présent nous appartient, sachons en profiter pour assurer l'avenir.

« Lorsqu'on réfléchit aux nombreux intérêts et aux puissantes » considérations qui se lient à cette grande voie fluviale, disait au » mois de novembre dernier le *Sémaphore* de Marseille en par- » lant du Rhône et du *canal Saint-Louis*, *on se demande avec* » *étonnement comment on a pu différer si longtemps les travaux* » *dont nous entretenons nos lecteurs.* » (*Voir* pièce justificative nº 6.)

Dix départements (1), notamment le département du Rhône, ont vivement insisté, par l'organe de leurs conseils généraux, pendant la session de 1847, pour que le Gouvernement s'occupât enfin sérieusement de cette grande question de l'embouchure du Rhône, et la résolût définitivement de la manière la plus large et dans le sens le plus favorable aux intérêts généraux du pays. (*Voir* pièce justificative nº 7.)

C'est, en effet, dans la question de l'embouchure du Rhône qu'est le point essentiel, le nœud, si l'on peut s'exprimer ainsi, de tous les travaux que réclame ce fleuve. Une fois mis en communication régulière et facile avec la mer ; une fois devenu le siége d'un mouvement industriel et commercial qui prendrait chaque jour une nouvelle importance, les autres améliorations coulent de source et se justifient d'elles-mêmes. Le Rhône est fermé du côté de la mer ; la première chose à faire, c'est de l'ouvrir. L'évidence est d'accord avec la raison pour le démontrer. (*Voir* pièce justificative nº 8.)

A l'époque où les conseils généraux manifestaient leur pensée par l'expression motivée de leurs vœux, le *canal Saint-Louis* était déjà proposé, et les ingénieurs de l'Etat, chargés du service spécial du Rhône, MM. Bouvier et Surell, après en avoir rédigé un avant-projet, s'occupaient de l'étudier *définitivement* sur l'ini-

(1) Ces départements sont : les départements du Doubs, de l'Ain, de Saône-et-Loire, du Rhône, de l'Isère, de la Loire, de la Haute-Loire, de la Drôme, du Gard et des Bouches-du-Rhône.

tiative que nous avions prise auprès d'eux à cet égard. Ces études *définitives*, que nous avons fait exécuter, partie à nos frais, partie aux frais de plusieurs autres personnes que nous avions décidées à se joindre à nous dans le même but, sont aujourd'hui complétement terminées, et démontrent de la manière la plus positive que la réalisation de ce projet est aussi simple que facile, et ne peut rencontrer aucune espèce d'obstacle.

Depuis, soumis à l'appréciation de trois commissions d'enquête : à Nîmes, à Marseille et à Lyon ; et, de plus, à l'examen d'une commission nautique composée de capitaines de vaisseau et de corvette, et spécialement nommée à cet effet par M. le préfet du 5e arrondissement maritime, d'après les prescriptions de M. l'amiral Baudin et de M. Legrand, alors sous-secrétaire d'État aux travaux publics et directeur général des ponts et chaussées, le projet du *canal Saint-Louis* a réuni l'unanimité des opinions. La commission nautique surtout, composée d'hommes essentiellement pratiques, et dont l'opinion doit naturellement avoir une autorité considérable en pareille matière, après l'avoir attentivement étudié sur les lieux mêmes, lui a non seulement donné la plus entière approbation, mais encore en a fait ressortir avec force les nombreux avantages au double point de vue des intérêts de la marine militaire et de la marine commerciale. Dans sa conviction, le golfe de Fos, au moyen de la direction qu'il est aisé de donner aux dépôts du Rhône, peut et doit devenir, avec le Rhône d'un côté et le port de Bouc de l'autre, une des plus belles, des plus sûres, des plus importantes et des plus vastes rades du monde.

Il allait être présenté au conseil général des Ponts et Chaussées quand la révolution de février a éclaté.

La République ne fera certainement pas moins que le gouvernement déchu pour un projet destiné à ouvrir au pays un nouvel avenir de gloire, de richesse et de puissance.

La question de l'embouchure du Rhône est sur le tapis depuis des siècles ; nous avons dit que Vauban s'en était occupé en 1665. Après lui, Bélidor, en 1748 ; MM. Favier et Garella, inspecteurs des ponts et chaussées, M. l'ingénieur en chef Poulle, et beaucoup d'autres ingénieurs de mérite, de nos jours, ont songé à la solution de ce problème. Il est temps que l'on en finisse avec lui.

L'Assemblée nationale de 1790 y avait affecté un crédit que les troubles du temps ne permirent pas d'employer; l'Assemblée nationale de 1848 terminera l'œuvre entrevue par sa devancière.

Les devis du *canal Saint-Louis*, devis dressés par les ingénieurs de l'État, s'élèvent à 3,600,000 francs. Pour une œuvre de cette importance, c'est bien peu de chose.

On pourrait y appliquer environ 1,000 ouvriers qui en finiraient en une année, avantage considérable; d'abord, parce qu'il permet d'employer utilement, et surtout actuellement, ce qui est essentiel, un grand nombre de bras inactifs qui pourront trouver plus tard de l'occupation dans la reprise des opérations industrielles; ensuite, parce qu'il fait immédiatement profiter la société des dépenses qu'elle s'est imposées.

2° Amélioration des chaussées du Rhône, d'Arles à la mer.

Le Rhône, dans sa partie inférieure, est bordé sur ses rives par des digues longitudinales qui s'étendent de Tarascon à la Méditerranée. Ces chaussées, entre lesquelles il est encaissé, ont été établies pour protéger le Delta contre les invasions brusques et intempestives de ce fleuve qui, par la soudaineté de ses irruptions, participe de la nature des torrents. Il est indispensable de leur donner toute la hauteur, toute la force, tout le degré de solidité nécessaires pour qu'elles puissent résister à la violence et à la pression des eaux dans les temps de crue.

On se rappelle les malheurs qui suivirent leur rupture lors de l'inondation de 1840, et les dépenses extraordinaires que dut faire l'État pour y remédier, sans cependant pouvoir réparer tous les dommages.

Ne vaut-il pas mieux faire de suite un travail utile et définitif, qui garantisse à jamais un territoire destiné à devenir l'un des territoires les plus précieux et les plus productifs de la France, plutôt que de s'exposer à coup sûr, et de gaîté de cœur, à voir se rouvrir un jour la source de nouveaux et plus coûteux sacrifices.

Ces travaux d'amélioration sont devenus d'autant plus urgents que la chaussée du chemin de fer, entre Tarascon et Arles, aura pour effet de concentrer tout l'effort des eaux sur les chaussées inférieures, et, par conséquent, d'en rendre la rupture plus imminente et plus funeste. Un Gouvernement réellement ami de l'agriculture doit tout faire pour conjurer de tels désastres.

L'amélioration des chaussées du Rhône pourrait employer autant de bras que le canal Saint-Louis, soit 1,000 travailleurs. En y faisant concourir pour leur part les associations riveraines intéressées, l'Etat ne supporterait guère qu'une dépense de 400,000 f.

D'un autre côté, les chaussées de la rive droite du fleuve, établies sur le département du Gard, dominent les chaussées du département des Bouches-du-Rhône; il est donc du plus haut intérêt de rehausser et de renforcer ces dernières, si l'on ne veut pas laisser le pays sous le coup d'une inondation certaine. L'île de la *Camargue* et le *plan du Bourg* demandent surtout des travaux immédiats.

400,000 francs pour mettre à l'abri 150,000 *hectares* de terre, dont 100,000 sont appelés à produire seuls plus de 2,500,000 *hectolitres* de riz, et à nourrir, par conséquent, une population d'au moins 1,250,000 *hommes*; ce n'est pas non plus, ce nous semble, une dépense inutile ou exagérée. Une campagne suffirait pour terminer cet important ouvrage.

3° Barrage du petit Rhône (1).

Le projet de barrage dont il est question, a été étudié par

(1) On a proposé de barrer le Rhône entier entre Tarascon et Beaucaire, en ménageant toutefois de vastes écluses pour les besoins de la navigation. Ce projet, qui ne coûterait peut-être pas 4 millions, en raison des conditions particulières qu'offre la localité, permettrait d'arroser naturellement les 150,000 hectares du Delta. Que l'on veuille bien calculer les conséquences économiques et sociales d'un pareil ouvrage! Ce projet mériterait, selon nous, d'être étudié avec le plus grand soin. Le barrage du Nil coûtera beaucoup plus, (les devis montent à 20 millions), cependant

M. l'ingénieur de l'État Surell (1); il a pour objet de relever les eaux dans la branche du Rhône qui contourne la partie occidentale de l'île de la Camargue, et prend le nom de *petit Rhône*, par opposition à la branche orientale qui porte le nom de *grand Rhône*, et qui seule est navigable. Le projet de M. Surell est le premier pas fait vers le système d'irrigation générale de la Camargue, conçu par M. l'ingénieur Poulle; il en est comme l'introduction et le travail précurseur. Il y aura toutefois à examiner plus tard si la machine à vapeur ne résoud pas le problème plus complétement, plus sûrement, et surtout plus économiquement que l'établissement d'un canal d'arrosage qui rencontrerait autant de difficultés d'exécution que le canal proposé par M. Poulle.

D'ici-là, au moyen du relèvement des eaux produit par le barrage du petit Rhône, 30,000 hectares environ seraient arrosés naturellement, en même temps que des appareils hydrauliques, mis en mouvement par la chûte même du barrage, assureraient le desséchement des parties les moins élevées du sol.

Ce projet qui, comme celui du *canal Saint-Louis*, a passé par la formalité des enquêtes, coûterait 500,000 fr., pourrait occuper 500 ouvriers, et produirait, à 2,000 fr. seulement de plus-value par hectare, pour les 30,000 hectares arrosés, une augmentation de valeur territoriale d'au moins 60 *millions*. Il serait également possible de le terminer en un an.

4° Bourrelet de ceinture, ou chaussée, destiné à préserver toute la partie inférieure du Delta des invasions de la Méditerranée.

Le bas Delta, dans sa partie la plus voisine de la Méditerranée, est composé de plages qui ne sont guère élevées moyennement de plus de $0^{m},50^{c}$ au-dessus du niveau de la mer. Il en résulte, chaque fois que le vent du midi souffle avec violence, et que

Méhemet-Ali n'a pas hésité à mettre la main à l'œuvre. La barbarie serait-elle donc appelée à nous donner des leçons !

(1) Ce Barrage serait mobile, et formé par un système de poutrelles que l'on pourrait placer ou déplacer à volonté.

la mer se tuméfie, que ces eaux ne rencontrant aucun obstacle, s'épanchent librement sur ses vastes espaces, en remontant quelquefois l'étendue de plusieurs lieues, et frappant de stérilité tout ce qu'elles ont imprégné des principes salants dont elles sont saturées. De là, l'entretien de ces étangs que l'on peut observer sur toutes les cartes, et le degré d'improductibilité, plus ou moins absolue, dont sont frappés les terrains fréquemment baignés par les eaux marines.

Un simple bourrelet en terre, ainsi que cela se pratique dans le pays, de temps immémorial, suffirait pour empêcher ce regrettable effet ; mais ce bourrelet n'existe que sur quelques points, et la presque totalité des rives de la mer est sans défense.

Ce travail, indiqué par tous les ingénieurs qui ont étudié la contrée au point de vue des intérêts agricoles, et dont le plus simple bon sens pratique rend évidente la nécessité, est vainement sollicité depuis des années. Il constitue cependant à lui seul la base des améliorations du Delta (1). En effet, le territoire est déjà à peu près garanti contre les incursions du Rhône, mais il ne l'est pas contre celles de la mer, bien plus fatales que celles du fleuve. Pour qu'il puisse être amélioré avec avantage et sécurité ; pour que les dépenses faites la veille ne soient pas perdues le lendemain ; pour que l'irrigation puisse avoir lieu d'une manière régulière et porte ses fruits ; pour que le dessèchement, opération aussi indispensable que celle de l'arrosage, réussisse en tout temps, il faut qu'il soit préservé des secondes comme il l'est déjà des premières.

Le Rhône maîtrisé et utilisé, devient le bon génie du pays ; la mer en sera toujours le fléau.

Du moment où l'on pourra régler l'introduction des eaux du

(1) Il en fut sérieusement question au commencement de la révolution de 1789. Proposé de nouveau sous la restauration, par M. de Rivière, propriétaire du domaine de Faraman, en Camargue, M. de Villèle, alors ministre dirigeant, y promit tout son concours ; une compagnie s'était même organisée en 1825 pour l'exécuter. Des motifs que nous ne connaissons pas, firent échouer une entreprise, « qui, dit M. Surell dans « son intéressant *mémoire sur le barrage du petit Rhône*, aurait pu avoir de l'importance en cas de guerre maritime, et qui, en tous cas, assurait à l'île de la Camargue « une voie de communication importante et une défense contre la mer. »

Rhône, et gouverner ces eaux à sa volonté, soit qu'on les fasse entrer par grandes masses, ou par inondation, dans les moments favorables de l'année, pour *colmater*, c'est-à-dire pour exhausser les parties les plus basses du sol, et pour fertiliser de vastes espaces par le dépôt des limons qu'elles portent avec elles, soit qu'on les emploie à l'arrosage ordinaire, on fera ce que l'on voudra des terrains du Delta. La mer, au contraire, détruira toujours, par son contact, l'heureux effet produit par les eaux fluviales. Le sel est comme tous les autres stimulants agricoles; en quantité convenable, il vivifie; en trop grande quantité, il tue.

C'est au moyen du *colmatage*, que l'on fera disparaître pour toujours ces marais et ces étangs qui, dans le *Delta du Rhône*, où le remède est à côté du mal, sont la honte de notre agriculture.

On peut voir les effets de l'arrosage en grand dans la vallée de la Durance, à Cavaillon, à Châteaurenard, à Salon, à Avignon, etc., où fonctionne avec sa puissance irrésistible la machine agricole par excellence, le canal d'irrigation. « A Cavaillon, écrit « M. Peyret-Lallier, une population laborieuse a créé 2,000 hec- « tares de jardins conquis sur les graviers de la Durance, dont « les eaux limoneuses ont tellement exhaussé le sol, qu'il a fallu « relever les prises. Au milieu de récoltes pressées et consé- « cutives, qui rappellent celles des *Huertas* de la Catalogne et de « Valence (1), croissent avec une prodigieuse vigueur de nom- « breux mûriers qui atteignent, *en quatre ans*, les dimensions « ordinaires des arbres de dix ans, et produisent un quintal de « feuilles; disséminés au milieu de ces vastes potagers, ils don- « nent lieu à une production annuelle de 600,000 fr. de soie. « Pendant les mois d'été, les horticulteurs de Cavaillon approvi- « sionnent plus de dix départements; c'est de là que Lyon et « Saint-Étienne reçoivent leurs primeurs.

(1) « Dans les *Huertas*, dit un voyageur, la terre ne se repose jamais; à peine a-t-elle fourni une récolte au cultivateur, qu'elle lui en présente une nouvelle. En septembre, on sème l'orge pour la couper à la fin d'avril, puis on sème du maïs, pour le moissonner au commencement de septembre, et aussitôt il est remplacé par les *Sandias* et les légumes. Les concombres, les melons, la luzerne, le lin, la salade, les légumineuses, le blé, se cultivent alternativement, et presque chaque semaine voit mûrir de nouvelles productions. »

« Quatre cents charrettes en partent tous les matins pendant « la belle saison (1), et portent au loin ces melons délicieux, « ces artichauts monstres et ces nombreux légumes de toute « espèce qui ont rendu si populaire le nom de Cavaillon. Eh « bien! trois petits canaux d'arrosage ont suffi pour créer ces « riches produits et pour occuper près de 10,000 habitants. « Un hectare de cette terre promise subvient à l'entretien d'une « famille, et vaut de 6 à 12,000 fr. Voilà donc une valeur « moyenne de 18 *millions* de francs, due à l'arrosage, dans un « petit canton de la France. » (*Annales d'Agriculture de Lyon.*)

Quand les travaux que nous indiquons seront terminés, le *Delta du Rhône* deviendra le jardin de Marseille, d'Arles, de Nimes, de Montpellier, de tout le midi de la France.

L'État possède, dans le bas Delta, des propriétés en étangs salés qui, si le travail indiqué ci-dessus était effectué, paieraient à elles seules, par la valeur qu'elles acquerraient, la plus grande partie, et peut-être même, la totalité de la dépense.

Mais, ce qui est bien autrement important, c'est que 25,000 hectares d'étangs salés, complétement improductifs, seraient parfaitement desséchés, et rendus à la production. Les Hollandais, sous leur ciel froid et nébuleux, exécutent des travaux de géants pour conquérir, péniblement et à grands frais, sur l'Océan, des terrains bas et sabloneux; et nous, nous ne remuerions pas quelques pelletées de terre pour gagner à peu près sans efforts, sous le plus beau ciel de l'Europe, 25,000 hectares d'excellentes alluvions qui n'appartiennent déjà plus au domaine de la mer, et sur lesquels celle-ci n'exerce, à proprement parler, qu'un droit de servitude abusif! (2)

(1) D'après M. Héricart de Thury, les jardins maraîchers d'Amiens, dont l'étendue n'excède pas 100 hectares, expédient tous les jours, depuis le mois de juin jusqu'en novembre, 100 bâteaux remplis de légumes, et donnent un produit brut de 8,405 fr. par hectare. Puisque l'on obtient de pareils résultats sous le ciel de la Picardie, quels résultats ne doit-on pas obtenir sous le ciel de la Provence!

(2) Le desséchement du lac du *Harlem*, également nommé *mer de Harlem*, a été voté par les états-généraux en 1838, et commencé en 1839, aux frais du gouvernement qui s'indemnisera par la vente des terrains. La dépense est évaluée à 21 millions de francs.

L'épuisement s'effectue à l'aide de trois machines à vapeur de la force de 400 che-

Ce bourrelet, établi à une très petite distance, et presque sur le bord même de la Méditerranée, servirait tout à la fois de défense contre la mer, et de route pour une contrée qui en manque. En temps de paix, il contribuerait puissamment au bon service de la douane ; en temps de guerre, à la protection de cette partie du territoire.

En outre, le déblai auquel il donnerait lieu du côté de la terre ferme, constituerait un véritable canal de navigation qui desservirait tout le bas Delta, et mettrait en communication immédiate la Provence et le Languedoc, en unissant, par une ligne directe, le canal de Bouc au canal de Sylvéréal.

Si l'on fait partir cette chaussée du canal de Bouc en face de Fos, pour la prolonger jusqu'au canal de Sylvéréal, en longeant tout le bas Delta, elle aurait environ 50,000 mètres de longueur, et coûterait tout au plus 600,000 fr., parce que l'on profiterait

vaux chacune. Les eaux sont rejetées dans un canal extérieur, qui forme autour du lac une ceinture continue. Ce canal est renfermé entre deux digues, une extérieure pour le défendre contre les eaux du dehors, l'autre intérieure pour le séparer du lac; il a 50 kilomètres de longueur, 45 mètres de largeur et 3 de profondeur. Les digues ont 4 mètres de largeur à la crête; leurs talus sont réglés à 2 de base sur 1 de hauteur du côté du canal, et à 5 de base sur 1 de hauteur à l'extérieur.

Tous ces ouvrages sont aujourd'hui achevés, et l'on travaille aux épuisements. Ceux ci terminés, le fond sera tenu à sec par des moulins à vent.

Le *Zuid-Plas* a été desséché par l'État, à l'aide de deux machines à vapeur, et il est entretenu par des moulins à vent disposés sur quatre étages, et élevant les eaux à 6 mètres. La dépense s'est élevée à 6 millions.

On dessèche aussi dans ce moment le polder de *Cohorn*, de 1500 hectares, à l'aide de deux moulins à vent de 27 mètres d'envergure, faisant mouvoir deux vis d'Archimède de 2 mètres de diamètre, et coûtant ensemble 180,000 francs. La dépense totale de ce desséchement est évaluée à 1,800,000 francs.

En Angleterre, il existait également beaucoup d'étangs et de terrains marécageux que l'on a conquis sur la mer, les fleuves et les rivières, au moyen de desséchements exécutés sur une grande échelle. Il y a moins d'un siècle, l'insalubrité de certaines provinces était déplorable. Dans le *Lincolnshire*, par exemple, les hommes n'atteignaient presque jamais 50 ans. Depuis l'établissement des digues qui ont arrêté les invasions de la mer, les desséchements opérés par l'emploi des machines, et la pratique bienfaisante de l'irrigation, la santé des habitants s'est tellement améliorée, qu'il n'est pas rare d'y rencontrer actuellement des vieillards de 90 ans.

La culture du *Lincolnshire* fait aujourd'hui l'admiration des agronomes. Tous les procédés, tous les instruments y ont été appliqués avec une remarquable intelligence; la machine à vapeur elle-même est devenue un accessoire indispensable de toute exploitation rurale bien entendue ; on l'emploie, soit au desséchement, soit à l'irrigation. Là, chaque fermier a la sienne, proportionnée à l'étendue des terrains qu'il cultive. Aussi, les propriétés qui, avant toutes les innovations de l'industrie agricole, se louaient à peine 30 à 40 francs, s'afferment actuellement de 150 à 200 francs par hectare.

des ouvrages déjà faits, et des mouvements naturels du terrain, ce qui nécessiterait moins de remblais et diminuerait d'autant les frais d'exécution.

En faisant ce calcul, nous supposons, pour nous mettre au-dessus de toutes les éventualités, un cube de terrassement de 2 mètres de hauteur sur 1 mètre d'épaisseur, auquel nous donnons, du côté des terres, un talus de 2 de base pour 1 de hauteur, et, du côté de la mer, un talus de 6 de base pour 1 de hauteur, afin d'obtenir, de ce dernier côté, un plan très incliné sur lequel l'action des eaux serait complétement nulle; soit un cube total de 18 mètres cubes par mètre courant, au prix de 75 centimes le mètre cube, prix certainement exagéré, en raison du peu de difficultés que présente la nature du terrain.

On pourrait facilement employer à ce travail 1,000 ou 2,000 ouvriers, et, comme tous les autres travaux indiqués ci-dessus, le terminer en une année, condition sur les avantages de laquelle nous ne saurions trop insister.

Répéterons-nous qu'il s'agit de gagner 25,000 hectares d'étangs salés, et d'en préserver au moins 10,000 autres qui restent en partie improductifs, à cause des invasions de la mer; en tout 35,000 hectares susceptibles d'une plus-value de 2,000 fr. par hectare, soit de 70 *millions* de francs.

Tel est, en peu de mots, l'ensemble du système de travaux publics qui peut être, dès à présent, entrepris dans le *Délta du Rhône*, au grand avantage de l'agriculture, du commerce et de l'industrie; c'est-à-dire au grand avantage de la société, de l'État, des travailleurs, des capitalistes et des propriétaires.

Nous espérons en avoir dit assez pour frapper l'attention publique et faire passer dans les esprits justes la conviction profonde et réfléchie qui anime le nôtre; nous espérons également avoir justifié toutes nos assertions, et surtout celle-ci par laquelle nous commencions ce travail, savoir :

Que nulle part, en France, on ne peut trouver réunies sur le même point des conditions de succès aussi multipliées, aussi favorables; que, nulle part, on ne peut espérer des résultats agricoles aussi importants, aussi prompts, aussi certains; que, nulle part enfin, on ne peut rencontrer un ensemble de travaux publics dont l'exécution soit aussi utile, aussi urgente, aussi facile, aussi peu coûteuse, aussi productive.

Les représentants du peuple ne doivent ni ne peuvent avoir de plus vif désir que celui de marquer leur présence aux affaires par des œuvres réellement et sérieusement utiles; par des œuvres qui produisent de grands, de durables résultats, et qui laissent après elles une trace ineffaçable; par des travaux qui donnent: à l'agriculture, l'impulsion qui lui a manqué jusqu'à ce jour, et dont elle a si grand besoin; à l'industrie, les moyens d'échapper à ces crises funestes qui compromettent la vie des travailleurs et menacent l'existence de la Société; au commerce, la possibilité d'augmenter les débouchés de la production intérieure, de favoriser la consommation par le bas prix des transports, et de contribuer au bien-être général par une plus facile répartition de tous les produits, c'est-à-dire de tous les éléments épars dont la réunion, constitue la richesse publique.

En soumettant à leur examen, comme à celui de tous les hommes qui aiment leur pays et qui s'inquiètent de son avenir, les projets qui font l'objet de ce mémoire; en appelant l'attention publique sur le *Delta du Rhône*, dans un moment où tout le monde est en quête d'un travail qui permette d'employer fructueusement tant de bras qui en manquent; en démontrant par des raisons, par des faits et par des chiffres, que nulle part on ne trouvera un champ d'action plus vaste, des avantages plus considérables, un succès plus assuré, et, par conséquent, un meilleur emploi du crédit de l'État, nous avons cru tout à la fois répondre à une pensée universelle et remplir un devoir de bon citoyen; nous avons donc l'espoir légitime et fondé que l'on voudra bien accueillir cette communication avec l'intérêt qu'elle nous paraît mériter.

RÉSUMÉ.

Le *Delta du Rhône*, en vertu de sa situation et des avantages qui lui sont particuliers, constitue un champ d'application pratique admirablement disposé par la nature pour la mise à exécution d'un vaste ensemble de travaux publics et particuliers, intimement liés les uns aux autres, et destinés à réagir de la manière *la plus heureuse, la plus prompte, la plus certaine, la plus puissante et la plus durable* sur la fortune publique et la prospérité générale du pays.

Ces travaux sont :

1° L'amélioration agricole du Delta du Rhône ;

2° L'amélioration de l'embouchure du Rhône par l'ouverture du canal Saint-Louis ;

3° L'amélioration des chaussées du Rhône, d'Arles à la mer ;

4° Le barrage du petit Rhône ;

5° L'exécution d'un bourrelet de ceinture, ou chaussée, destiné à préserver toute la partie inférieure du Delta des invasions accidentelles de la Méditerranée.

Le premier de ces travaux, ou l'amélioration agricole du Delta, serait exécuté par les propriétaires avec l'appui du crédit de l'Etat ; il pourrait donner de l'emploi à 10,000 *travailleurs*.

Les quatre derniers seraient exécutés par l'Etat ; ils ne coûteraient guère plus de 5 millions, et pourraient occuper 4,500 *ouvriers*. Tous les quatre peuvent être terminés en une année; circonstance éminemment favorable : d'abord, parce qu'elle permet d'employer utilement, et surtout *actuellement*, un grand nombre de bras inactifs, qui pourront trouver plus tard de l'occupation dans la reprise des opérations industrielles; ensuite, parce qu'elle fait immédiatement profiter la société des dépenses que celle-ci s'est imposées.

Les résultats de ces travaux seraient immenses.

Les voici en peu de mots :

Résultats de l'amélioration agricole du Delta du Rhône.

1° Mise en valeur de 100,000 *hectares* de terre;

2° Essor donné à l'agriculture de toute une région de la France;

3° Accroissement de la richesse publique de plus de 200 *millions* de francs, en supposant une plus-value de 2,000 francs seulement par hectare, évaluation *minimum* de tous les ingénieurs et de tous les hommes pratiques qui se sont occupés de cette localité;

4° Augmentation de la masse des subsistances dans la proportion d'au moins 2,500,000 *hectolitres* de riz, soit la nourriture de 1,250,000 *personnes*, en admettant seulement le rendement *minimum* actuel de 2,000 kilogrammes de riz par hectare;

5° Accroissement de la population, conséquence inévitable de l'augmentation des subsistances;

6° Atténuation des souffrances causées par les années de disette, et suppression du tribut que la France paie annuellement à l'Etranger; notre déficit annuel moyen en céréales s'élevant à 1,500,000 hectolitres environ;

7° Accroissement prochain du produit de l'impôt dans la proportion de 1,000,000, de 1,500,000 et de 2,000,000 de francs, suivant que la terre sera mise en état de pouvoir suffire à un impôt de 10, 15 ou 20 francs par hectare;

8° Assainissement complet d'un vaste territoire, par le desséchement des marais, le *colmatage* ou exhaussement des terres au moyen du limon des eaux d'arrosage, l'exploitation de la prairie naturelle arrosée, l'élève du bétail, et les petites cultures qui seront la conséquence de la transformation du sol ;

9° Occupation immédiate d'un nombre de travailleurs qui peut aller jusqu'à 10,000 ;

10° Bien-être à venir assuré à 10,000 *familles* au moins, en ne comptant qu'une famille pour 10 hectares améliorés.

Résultats de l'ouverture du canal Saint-Louis.

1° Création d'un nouveau port à l'embouchure du Rhône, port qui serait pour ce fleuve ce que le Havre est pour la Seine, ce que Liverpool est pour la Mersey, et dont Arles deviendrait le Rouen ou le Manchester ;

2° Mise en rapport immédiate de la grande navigation maritime et de la navigation à vapeur du Rhône, et, par conséquent, suppression des frais nombreux qui, dans l'état actuel, grèvent la marchandise ;

3° Immense développement commercial, conséquence nécessaire de l'économie et de la facilité des transports ; à l'intérieur, par la voie fluviale ; à l'extérieur, par la voie maritime ;

4° Amélioration considérable apportée dans les débouchés de tous nos centres manufacturiers des bassins du Rhône et de la Saône, particulièrement dans les débouchés de Lyon, et, par suite, nouvelle impulsion donnée à la vie industrielle de toutes les localités intéressées ;

5° Economie annuelle et immédiate d'au moins 4 *millions* sur le prix des transports ; économie qui, chaque année, irait en augmentant, au fur et à mesure des progrès commerciaux. Dans la campagne de 1846 à 1847, et pour le seul transport des céréales, cette économie se serait élevée à plus de 12 *millions* de francs, c'est-à-dire, à plus de trois fois le coût du canal dont le devis ne monte qu'à 3,600,000 francs ;

6° Immense développement industriel en un point unique, où, par le Rhône et par la mer, arriveraient à bas prix toutes les matières premières par lesquelles, ou sur lesquelles, s'exerce l'action de l'industrie;

7° Union féconde de l'industrie et de l'agriculture;

8° Exportation des houilles françaises des bassins de la Loire et du Gard;

9° Accroissement de notre marine marchande. L'exportation des houilles peut à elle seule en doubler l'importance dans la Méditerranée. C'est au transport de ses houilles que Newcastle doit toute sa fortune;

10° Augmentation de notre personnel maritime, et, par conséquent, de notre force navale militaire;

11° Amélioration du golfe de Fos, qui peut devenir une des plus belles rades de guerre et de commerce, du monde entier;

12° Essor donné au port de Bouc et à l'étang de Berre, qui deviennent, dès lors, deux annexes du Rhône, et dans lesquels notre marine militaire à vapeur serait si heureusement placée, en raison de la facilité avec laquelle on pourrait y faire arriver les fers, les bois, les chanvres, les houilles, les vivres, en un mot, le matériel de toute espèce;

13° Le Rhône rendu, par sa situation, pour les hommes et pour les choses, la grande route du Levant, de l'Algérie, et plus tard des Indes, quand l'Isthme de Suez sera percé. En temps de paix, l'économie procurée par cet énergique agent de transports, serait, sans nul doute, considérable pour l'État; en temps de guerre, elle s'élèverait à des millions. Que l'on suppose maintenant l'Algérie peuplée de 12 ou de 1,500,000 Français, en rapports journaliers avec la mère patrie, et que l'on suppute les avantages que le pays retirerait de l'ouverture du *canal St-Louis*;

14° Emploi immédiat de 1,000 travailleurs au moins.

(Cet ouvrage, étudié par les ingénieurs des Ponts et Chaussées attachés au service spécial du Rhône, est estimé par eux, 3,600,000 fr., et pourrait être terminé en une année. Il a passé par les formalités des enquêtes; il n'y a donc plus, pour ainsi dire, qu'à mettre la main à l'œuvre).

Résultats de l'amélioration des chaussées du Rhône.

1° Mise à l'abri des 150,000 *hectares* du Delta contre les brusques invasions du Rhône ;

2° Faculté donnée aux riverains d'utiliser sûrement les eaux du fleuve, et de régler l'arrosage suivant les besoins des cultures et des saisons ;

3° Emploi immédiat de 1,000 travailleurs au moins.

(Ce travail, qui ne dépasserait certainement pas 400,000 fr., pourrait être terminé en une année.)

Résultats du barrage du petit Rhône.

1° Irrigation naturelle de 30,000 *hectares*, pouvant acquérir une plus-value d'au moins 2,000 fr. par hectare, soit de 60 *millions* de francs pour la totalité ;

2° Desséchement des parties les plus basses du sol, au moyen d'un système hydraulique, mis en mouvement par la chûte d'eau du barrage ;

3° Emploi immédiat de 500 travailleurs.

(Ce travail étudié, par M. l'ingénieur de l'État Surell, est estimé par lui 500,000 fr. ; il pourrait être également terminé en une année. Comme le projet du *canal Saint-Louis*, il a passé par la formalité des enquêtes).

Résultats du bourrelet de ceinture contre la mer.

1° Conquête de 25,000 *hectares* d'étangs salés, et protection d'au moins 10,000 autres hectares accidentellement envahis par les grosses mers venant du sud ; en tout, 35,000 *hectares*, dont la plus-value, toujours à raison de 2,000 fr. seulement par hectare, représente la création d'un capital de 70 *millions* ;

2° Desséchement de tout le Delta assuré ;

3° Route de ceinture pour le pays qui en manque ; pour le service de la douane en temps de paix ; pour la défense des côtes en temps de guerre ;

4° Canal de navigation, créé à l'intérieur par les déblais

mêmes du bourrelet; desservant tout le bas Delta, et mettant en communication immédiate et directe la Provence et le Languedoc, au moyen des canaux de Bouc et de Sylvéréal;

5° Emploi immédiat de 2,000 travailleurs.

(Cet ouvrage ne s'élèverait pas à plus de 600,000 francs, et, comme tous les ouvrages précédents, pourrait être terminé en une année. Ajoutons que le transport des ouvriers se ferait avec une extrême facilité et une extrême économie, au moyen de la Saône, du Rhône, et de tout le réseau navigable qui se soude à ces deux grandes artères du midi de la France.)

Ainsi, avec un simple appui prêté aux propriétaires, et une dépense d'environ 5 millions seulement, pour les travaux publics laissés à sa charge, l'État ferait une des plus grandes choses qui ait jamais été faite en France; il augmenterait la richesse publique dans une proportion énorme; il ouvrirait à l'agriculture, au commerce, à l'industrie, une carrière nouvelle et indéfinie; il créerait au trésor des ressources considérables et journellement progressives; enfin, il donnerait immédiatement de l'ouvrage à près de 15,000 travailleurs, et contribuerait au bonheur à venir d'au moins 10,000 familles.

Les œuvres de cette nature honorent les peuples qui les exécutent et les gouvernements qui en prennent l'initiative.

H. Peut.

Paris, 14 août 1848.

PIÈCES JUSTIFICATIVES.

Nº 1.

CULTURE DU RIZ.

Nous sommes heureux de pouvoir mettre sous les yeux de nos lecteurs un mémoire de Barrère, daté de l'année 1743, et inséré dans l'*Histoire de la Société royale des sciences* de Montpellier, tome II, pages 304 à 309. Ce mémoire, important à plus d'un titre, a tout l'intérêt de l'actualité.

Le riz connu des botanistes sous le nom latin d'*Oriza*, dit Barrère, demande, ainsi que la plupart des autres plantes, une culture particulière, et qui ne peut être trop circonstanciée, si on veut en transmettre la pratique en des pays où il ne croît pas naturellement.

C'est relativement à cet objet que j'ai cru devoir exposer ici la manière dont on cultive cette plante dans le royaume de Valence, dans une partie de la Catalogne, et, en Roussillon, aux environs de Perpignan. Le grand usage que nous faisons du riz en France, rendra ce détail intéressant pour le public.

Pour élever utilement le riz, et en multiplier aisément le produit, on choisit un terrain bas, humide, un peu sablonneux, facile à dessécher, et où l'on puisse faire écouler aisément l'eau. La terre où on le sème doit être labourée une fois seulement dans le mois de mars. Ensuite on la partage en plusieurs planches égales ou carreaux, chacun de quinze à vingt pas de côté. Ces planches de terre sont séparées les unes des autres par des bordures en forme de banquettes d'environ deux pieds de hauteur sur environ un pied de largeur, pour y pouvoir marcher à sec en tout temps, pour faciliter l'écoulement de l'eau, d'une planche de riz à l'autre, et pour l'y retenir à volonté sans qu'elle se répande. On applanit aussi le terrain qui a été foui, de manière qu'il soit de niveau et que l'eau puisse s'y soutenir partout à la même hauteur.

La terre étant ainsi préparée on y fait couler un pied ou un demi-pied d'eau par-dessus, dès le commencement du mois d'avril, après quoi on y jette le riz de la manière suivante : il faut que les grains aient été conservés dans leur balle ou enveloppe, et qu'ils aient trempés auparavant trois ou quatre jours dans l'eau, où on les tient dans un sac jusqu'à ce qu'ils soient gonflés et qu'ils commencent à germer. Un homme pieds nus jette ces grains sur les planches inondées d'eau, en suivant des alignements à peu près semblables à ceux qu'on observe dans les sillons en semant le blé. Le riz ainsi gonflé, et toujours plus pesant que l'eau, s'y précipite, s'attache à la terre, et s'y enfonce même plus ou moins, selon qu'elle est plus ou moins délayée. Dans le royaume de Valence, c'est un homme à cheval qui sème le riz.

On doit toujours entretenir l'eau dans les champs ensemencés jusques vers la mi-mai, où l'on a soin de la faire écouler. Cette condition est regardée comme indispensable pour donner au riz l'accroissement nécessaire et pour le faire pousser avantageusement.

Au commencement du mois de juin, on amène une seconde fois l'eau dans les rizières, et l'on a coutume de l'en retirer vers la fin du même mois, pour sarcler les mauvaises herbes, surtout la presle et une espèce de souchet, qui naissent ordinairement parmi le riz, et qui l'empêchent de profiter.

Enfin, on lui donne l'eau une troisième fois, savoir : vers la mi-juillet, et il n'en doit plus manquer jusqu'à ce qu'il soit en bouquet, c'est-à-dire jusqu'au mois de septembre. On fait alors écouler l'eau pour la dernière fois, et ce desséchement sert à faire agir le soleil d'une façon plus immédiate, sur tous les sucs que l'eau a portés avec elle dans la rizière, à faire grainer et mûrir le riz, et à le couper enfin commodément, ce qui arrive vers la mi-octobre, temps auquel ce grain a acquis tout son complément.

On coupe ordinairement le riz avec la faucille à scier le blé, ou, comme on le pratique quelquefois en Catalogne, avec une faux dont le tranchant est découpé en dents de scie fort déliées. On met le riz en gerbe, on le fait sécher, et après qu'il est sec, on le porte au moulin pour le dépouiller de sa balle.

Ces sortes de moulins ressemblent assez à ceux de la poudre à canon, excepté que la boîte ou *chaussure* du pilon y est différente. Ce sont, pour l'ordinaire, six grands mortiers rangés en ligne droite, et dans chacun desquels tombe un pilon, dont la tête, qui est garnie de fer, a la figure d'une pomme de pin de demi-pied de long et de cinq pouces de diamètre; elle est tailladée tout autour, comme un bâton à faire mousser le chocolat.

Ces moulins tournent par la force d'un cheval attaché à une grande roue dentée, qui s'engrène dans une petite roue à lanterne adaptée au bout d'un gros cylindre placé horizontalement, lequel fait monter et descendre les pilons par la rencontre des dents saillantes dont il est armé, avec les chevrons ou dents pratiquées vers le milieu de ces pilons. Ces coups réitérés détachent le grain du riz de sa balle. On arrête plusieurs fois par jour le mouvement du moulin pour vider les mortiers; on crible le riz, et on remet dans les mortiers les grains qui sont encore couverts de leur petite enveloppe.

Les cultivateurs du riz ont observé qu'il est plus sujet que le blé à la nielle et à l'amaigrissement. Les brouillards qui arrivent dans le mois de septembre, lorsque le grain est en lait, emportent souvent la récolte du riz, ce que l'on doit principalement attribuer à l'espèce de rouille que ces brouillards occasionnent.

Le riz semé dans un terrain favorable s'élève à la hauteur de quatre ou cinq pieds.

Il est plus pesant lorsqu'il naît dans une terre salée, où il pullule beaucoup plus qu'en toute autre terre, et où il rend ordinairement trente à quarante pour un.

On n'est pas parfaitement d'accord sur le pays où le riz croît naturellement; l'opinion qui paraît la plus commune, est que cette plante nous est venue des Indes, d'où elle a passé en Égypte, en Italie, en Espagne, et en d'autres contrées de l'Europe. C'est du moins le sentiment de plusieurs auteurs, entre lesquels on doit distinguer l'auteur de l'histoire des Indes, cité dans le *Pinax* du célèbre botaniste Gaspard Bauhin, *Lib. II. Sect. 4.*

Je ne parlerai point ici des qualités du riz; il fournit, de l'aveu de tout le monde, une nourriture très-saine, et c'est avec raison qu'on le regarde comme un excellent aliment. J'ajouterai seulement que la culture de cette plante doit varier un peu, selon les différentes contrées, et que le riz du Roussillon que l'on cultivait avec succès, qui était fort grainé, *et dont le menu peuple faisait du pain dans des temps de disette*, s'était acquis chez les étrangers, une réputation qui le leur faisait préférer, non-seulement à celui du Levant, mais encore à celui de leur propre pays, réputation fondée sur la bonté et le bon marché de ce grain, qui, par la cuisson, foisonne un tiers de plus que celui des autres pays. Il était recherché en plusieurs provinces; quelques Seigneurs de la cour en faisaient faire leurs provisions; les Catalans principalement, venaient l'acheter à Perpignan, et donnaient même autrefois, en échange, du sel fossile de Cardonne. Malgré ces avantages, la culture du riz a été défendue en Roussillon, il y a quelques années, par un arrêt du conseil souverain de cette province, sur ce qu'on a cru que les exhalaisons des lieux marécageux où l'on sème le riz, y causaient des maladies et des mortalités.

Pour rassurer les esprits, et *détruire le préjugé qui pourrait encore subsister à cet égard*, on n'aurait qu'à partager en trois quartiers chaque territoire propre pour la culture du riz ; à défricher un quartier seulement deux années de suite, et à cultiver les autres successivement, pour revenir enfin, au bout de quelques années, à fouir de nouveau la terre qu'on aurait laissé reposer. Les rizières devraient être proscrites en tout autre endroit du territoire que ceux qui auraient été désignés par des personnes commises à cet effet ; il faudrait aussi destiner à la culture du riz des endroits où l'eau pût s'écouler commodément à une certaine distance et au-dessous du vent des villages voisins ; car alors on n'aurait pas lieu de craindre qu'elle altérât, en aucune sorte, par son mélange, l'eau des puits ou des fontaines, qui sert de boisson aux habitants.

Avec ces sages précautions, on ne pourrait plus attribuer les maladies de ces cantons à l'eau qui *croupit* dans les rizières, et que *l'on croit* infecter l'air en transportant des exhalaisons nuisibles. *Il est d'ailleurs démontré par les registres mortuaires des paroisses, et par le témoignage des personnes âgées, qu'il n'y a pas eu moins de maladies et de morts depuis la défense de cultiver le riz qu'il n'y en avait auparavant dans ces cantons et dans le reste de la province.* Enfin, il est plus que probable que l'usage immodéré du vin et des fruits, et la nécessité de passer et repasser à pied, le corps tout en eau et fatigué, la rivière de *la Tet*, pour aller travailler aux vignes de ces cantons, sont la cause des maladies qui y règnent ordinairement, plutôt que les exhalaisons qui peuvent s'élever des rizières.

Le Roussillon tirait autrefois un double avantage de la culture du *riz*. Outre l'argent que cette denrée apportait dans le pays, plusieurs terres salées en friche, que l'on appelle communément *solsuras*, à cause du sel *qu'on peut ramasser sur leur surface*, surtout en été, lorsque le vent souffle, *devenaient, au bout de deux ans, par la culture du riz qui s'y élève aisément, des terres excellentes pour la production des blés, ce qui amenait l'abondance dans cette province, et écartait les disettes qui y sont assez fréquentes.* Il est sensible que les eaux qui *croupissaient* dans le riz, dessalaient ces terres *solsuras*, et les rendaient fertiles par le limon et le fumier qu'elles y charriaient.

La prohibition, dont parle Barrère, œuvre de la barbarie qui ne calcule pas, et de l'ignorance qui ne sait qu'empêcher, impuissante qu'elle est à prévenir, ne dût pas avoir pour la santé publique des résultats aussi satisfaisants qu'on s'y attendait, puisque, ainsi que le fait très judicieusement remarquer Barrère : « Il fut « démontré par les registres mortuaires des paroisses, et par le « témoignage des personnes âgées, *qu'il n'y avait pas eu moins de « maladies et de morts depuis la défense de cultiver le riz, qu'il n'y « en avait auparavant dans ces cantons et dans le reste de la pro- « vince.* » Elle eut toutefois une conséquence certaine et parfaitement claire, ce fut de priver le Roussillon de la richesse que le riz lui apportait, et des ressources qu'il créait pour l'alimentation du pays. Une pareille conséquence, nous le pensons du moins, n'est pas faite pour nous la faire envisager avec une bien grande faveur, et nous rendre jaloux de la voir se perpétuer plus longtemps.

N'oublions pas qu'en Chine et dans l'Inde, où le riz forme la principale nourriture des habitants, les populations pullulent autour des champs sur lesquels il mûrit. Il n'y a rien là qui justifie les appréhensions dont pouvaient être animés autrefois quelques esprits timorés et prévenus.

N'oublions pas non plus que les terrains sur lesquels on se propose d'étendre la culture du riz sont des terrains qui, dès-à-présent, laissent à désirer sous le rapport de la salubrité, et qui ne peuvent être assainis que par la culture ; or, comme ces terrains, à cause du sel qu'ils renferment, ne sont, dans l'état, susceptibles d'aucune autre culture que de la culture du riz, « culture qui, dit Barrère, y réussissait aisément puisque le riz y « foisonnait *beaucoup plus qu'en toute autre terre*, jusqu'à y ren- « dre *ordinairement trente à quarante pour un*, et les transfor- « mait, *au bout de deux ans, en terres excellentes pour la produc- « tion des blés, ce qui amenait l'abondance dans la province* », il n'y a pas à hésiter.

C'est précisément, au surplus, à fort peu de chose près, le résultat que l'on vient d'obtenir, dès la première année, dans les terrains salés du Delta du Rhône, où les eaux d'irrigation sont, il est vrai, d'une qualité supérieure, où, sous l'action de ces eaux chargées de détritus végétaux et animaux, l'humus du sol se renouvelle sans cesse, où, de plus, en raison du climat dont on jouit dans cette partie du midi de la France, on n'a point à redouter les brouillards du mois de septembre, ainsi qu'il arrive dans les régions plus rapprochées du nord, par exemple, ou bien encore dans celles qui, quoique sous la même latitude, et même sous une latitude moins élevée, sont exposées à cette fâcheuse influence à cause des montagnes qui les avoisinent.

Ajoutons qu'à l'époque où écrivait Barrère, la pratique de l'agriculture, comme celle des autres arts, était loin d'avoir acquis les perfectionnements qu'elle a reçus de nos jours. On laissait les *eaux croupir* sur le sol, dit Barrère; aujourd'hui tous les travaux sont disposés pour que les eaux se renouvellent sans cesse dans les rizières, et par conséquent, ne puissent laisser échapper aucunes émanations délétères.

Avec un fleuve comme le Rhône, d'ailleurs, qui dans ses grandes crues charrie jusqu'à *cinq millions* de mètres cubes de terre en *vingt-quatre heures*, on n'aura certes pas besoin de laisser les eaux croupir sur le sol pour qu'elles y déposent un limon fécondant.

Les notions de l'hygiène sont en outre devenues assez populaires de nos jours pour qu'avec des soins, des habitations saines, des vêtements appropriés au climat, un régime convenable, on prévienne une foule d'accidents dont rien n'aurait pu garantir autrefois.

Dans tous les cas, il est une considération qui prime toutes les autres et qui est décisive.

La population n'était pas, il y a un ou deux siècles, ce qu'elle est actuellement. Notre premier devoir est d'assurer la subsistance des *trente-six millions d'hommes* qui peuplent le territoire national. Tout le reste doit plier devant cette nécessité; nécessité impérieuse, fatale, inexorable, absolue.

Alors même que la culture du riz devrait entraîner à sa suite les inconvénients qu'on redoute, *ce qui n'est pas*, on devrait l'accueillir comme un bienfait de la providence et se hâter de la propager le plus possible. Il vaudrait beaucoup mieux, en effet, compter quelques cas de fièvre de plus que d'exposer des milliers d'hommes à mourir de faim, et de laisser la famine mettre en péril l'ordre social tout entier.

Nous avons démontré, il y a quelques jours, qu'en supposant la culture du riz étendue à la moitié seulement du Delta du Rhône, soit à environ 70,000 hectares, le produit annuel ordinaire serait de *trois à quatre millions d'hectolitres ;* c'est-à-dire dépasserait de près de deux millions d'hectolitres le déficit moyen de nos récoltes en céréales. Ce fait à lui seul tranche la question. (Journal d'Arles, *le Publicateur*, 11 septembre 1847.)

N° 2.

RÉCOLTE DU RIZ EN 1847.

Un de nos amis qui arrive du Midi, où il a fait une étude particulière de la culture du riz, après avoir visité différentes exploitations et s'être fait donner sur place les renseignements les plus précis, nous communique la note suivante, que nous croyons devoir publier :

« Actuellement que la récolte est achevée sur tous les points, et que l'on connaît au juste les dépenses et les produits de cette première année de culture, il peut être utile de faire connaître les ressources que la France est appelée à retirer d'une céréale qui enrichissait autrefois une partie notable de son territoire, la même précisément où elle vient d'être introduite de nouveau, après une interruption de près de deux siècles, due à des motifs qui ne peuvent plus avoir aujourd'hui la moindre valeur.

» Le riz que l'on a récolté dans le midi de la France, ressemble au riz Caroline par sa forme et par son aspect d'un blanc cristallin. Le grain est un peu moins nourri et un peu moins allongé, ce qui tient peut-être à ce que la plupart des terrains, où il a été semé, n'avaient encore jamais été cultivés ; mais la qualité en paraît excellente. Celui que l'on a fait cuire, foisonne à la façon des meilleurs riz de Piémont, et tout annonce qu'il sera très recherché dans le commerce.

» Les terrains qui ont été consacrés à cette culture étaient tous des terrains salants, sauf quelques petites portions dessalées depuis longtemps.

On n'a remarqué aucune différence sensible, entre les produits des uns et des autres ; toutefois, l'action continue de l'arrosage, pendant les cinq mois qu'a duré la culture, a tellement dessalé le sol, que l'année prochaine une grande partie des rizières sera convertie en prairies arrosées.

» Ainsi, en une année, des terres d'une valeur médiocre vont s'élever au rang des terres les plus estimées du Midi. C'est en cela, surtout, que la culture du riz est destinée à produire une révolution agricole dans le Delta du Rhône, parce qu'elle fournit le moyen de transformer un sol, jusqu'alors peu productif, à cause de la présence du sel, en un sol de première qualité, tout en donnant des produits considérables.

» On a semé, surtout, du riz de Piémont et du riz de Romagne, dont la qualité, ainsi qu'il vient d'être dit plus haut, s'est un peu modifiée dans les terrains d'alluvion du Delta du Rhône. Quelques kilogrammes de riz Caroline ont aussi été essayés ; mais ce riz, qui a donné un magnifique fourrage, n'a pas grainé ; on assure que des essais, faits dans le Piémont, ont présenté le même phénomène.

» Quant à la quantité de riz ensemencée, elle a été généralement d'un hectolitre deux tiers par hectare ; ce qu'il est important de retenir pour juger du rendement.

« Voici maintenant, en nombres ronds, quels ont été les résultats :

» Sur la terre de Paulet (exploitation de la compagnie anglaise en Camargue, 100 hectares), on a obtenu environ 15 pour 1 ; soit, par hectare, 25 hectolitres de riz en paille, ou 15 hectolitres de riz mondé, en raison du déchet produit par le décortiquage, déchet qui est d'à peu près 40 p. 100 (1).

» A Maudirac, (exploitation de la compagnie Lichtenstein, aux environs de Narbonne, 300 hectares), 20 pour 1 ; soit, par hectare, 33 hectolitres de riz en paille, ou 20 hectolitres de riz mondé.

» Au Château-d'Avignon (exploitation de la même compagnie en Camargue, 200 hectares), 25 pour 1 ; soit, par hectare, 40 hectolitres de riz en paille, ou 25 hectolitres de riz mondé. Cette compagnie se dispose à mettre 600 nouveaux hectares en culture pour l'année prochaine, dans cette dernière localité.

» Sur les bords du canal de Beaucaire (exploitation de la compagnie du canal, 8 hectares), 30 pour 1 ; soit, par hectare, 50 hectolitres de riz en paille, ou 30 hectolitres de riz mondé.

» Dans le domaine du Grand-Passon, sur la rive gauche du Grand-Rhône, quartier dit du Plan-du-Bourg (exploitation du fermier de ce domaine), plus de 60 pour 1 ; soit par hectare, 100 hectolitres de riz

(1) Ce déchet n'est que de 30 p. % environ, avec les machines de M. Bouyer de Bruxelles.

en paille, ou 60 hectolitres de riz mondé. Ici, toutefois, l'étendue cultivée a été peu importante; on se propose de l'augmenter considérablement dans la campagne qui va s'ouvrir.

Plusieurs propriétaires se préparent, en outre, à suivre, l'année prochaine, l'exemple qui vient d'être donné; on parle aussi de plusieurs compagnies qui se forment dans le même but. Tout fait croire, en un mot, qu'avant peu la culture du riz aura pris, dans cette partie du midi de la France, un remarquable développement.

« Les dépenses de cette première année de culture ont varié de 500 à à 700 fr. par hectare, suivant la situation des terrains exploités.

« Il est toutefois essentiel de remarquer que cette somme comprend les frais d'établissement, tels que: constructions, achat et pose de machines à vapeur pour élever l'eau d'arrosage, nivellement du terrain, canaux, bourrelets en terre pour retenir les eaux dans les carrés de riz, acquisition de bétail, matériel d'exploitation, instruments aratoires, etc., c'est-à dire les frais qui, faits la première année, ne doivent plus se renouveler les années suivantes. Ces frais qui constituent un capital immobilisé sur le sol, et qui doivent être considérés comme une addition au prix d'acquisition de l'immeuble, peuvent être évalués selon la localité, de 200 à 400 fr. par hectare; ils se sont généralement maintenus cette année entre 200 et 300 fr. par hectare, et n'ont dépassé ce dernier chiffre que dans quelques localités exceptionnelles.

« Les frais ordinaires annuels d'exploitation, qui comprennent la main-d'œuvre, l'irrigation, le sarclage, la moisson, le battage, etc., ne se sont pas élevés à plus de 300 fr. par hectare; dépense totale, ainsi qu'il vient d'être dit, 500 à 700 fr. par hectare.

« Cette année, l'eau d'irrigation a coûté cher, parce que les instruments élévatoires ont laissé à désirer, et que les canaux, formés de terres nouvellement remuées, accusaient des fuites et des infiltrations nombreuses.

« Le problème de l'élévation d'une grande masse d'eau à une petite hauteur, occupe aujourd'hui tous les constructeurs de machines à vapeur du Midi, et plusieurs d'entre eux, entre autres les MM. Taylor, de Marseille, offrent dès à présent, dit-on, des machines qui ne feraient pas revenir à plus de 35 fr. l'eau nécessaire à l'irrigation d'un hectare de rizière en supposant cette eau élevée à 1 mètre 50 centimètres. Ce prix, qu'ils sont disposés à garantir, serait très inférieur à celui auquel on paie l'eau d'arrosage sur les canaux les plus favorisés. En effet, l'eau nécessaire pour l'arrosage d'une prairie, coûte au moins 25 fr. par hectare; elle en coûte 60 et davantage sur certains canaux, et la prairie ne demande que la moitié de la quantité d'eau exigée par la rizière. De plus, avec un canal on n'est jamais parfaitement sûr d'avoir de l'eau ; une sécheresse, une perte, un détournement opéré par un riverain supérieur, en privent souvent quand on en aurait le plus besoin ; avec une machine à vapeur, au contraire, on est toujours certain d'en avoir quand on veut, et comme on en veut.

« Pour compléter ces renseignements, il est utile d'ajouter que le prix de l'hectolitre de riz mondé, c'est-à-dire décortiqué, ou en d'autres termes, débarrassé de son enveloppe et prêt à être livré au commerce, est d'environ 30 fr., En supposant qu'une production plus abondante doive peu à peu réduire ce chiffre, il ne s'abaisserait certainement pas au-dessous de 20 fr., prix moyen de l'hectolitre de froment.

« Ainsi, dans le premier cas, c'est-à-dire en calculant le riz mondé au prix de 30 fr. l'hectolitre, on aurait, par hectare, pour Paulet, un produit brut de 450 fr. ; pour Mandirac, un produit brut de 600 fr. ; pour le château d'Avignon, un produit brut de 750 fr. ; pour le canal de Beaucaire, un produit brut de 900 fr. ; pour le domaine du Grand-Passon, un produit brut de 1,800.

« Dans le second cas, c'est-à-dire en calculant le riz mondé au prix de 20 fr. l'hectolitre, on aurait par hectare, pour Paulet, un produit brut de 300 fr. ; pour Mandirac, un produit brut de 400 fr. ; pour le château d'Avignon, un produit brut de 500 fr. ; pour le canal de Beaucaire, un produit brut de 600 fr. ; pour le domaine du Grand-Passon, un produit brut de 1,200 fr.

« Pour avoir le produit net, il faut retrancher du produit brut, les frais ordinaires annuels d'exploitation, soit environ 300 fr. par hectare.

« Maintenant, si l'on considère qu'il s'agit d'une première année de culture où il a fallu tout improviser, tout créer, tout organiser ; où tout a été fait à la hâte, à grands frais, dans cette espèce de désordre inséparable d'un nouveau mode d'exploitation agricole, et où cependant le rendement moyen de l'hectare a été de 30 pour 1 ; si l'on réfléchit qu'une bonne administration, une sage économie, de l'ordre, des soins, le perfectionnement des machines et des procédés, une plus grande habitude des travaux que demande le riz, réduiront, sans nul doute, les frais ordinaires annuels d'exploitation dans une proportion qui ne saurait être estimée à moins de 30 p. %; si de plus l'on admet, ce qui est incontestable, que la fertilité du sol doive s'augmenter par une culture intelligente, par l'emploi des engrais, par l'action fécondante des eaux limoneuses du Rhône, on pourra juger des résultats que promet la culture du riz.

(*Moniteur Universel* du 24 novembre 1847, extrait du journal de Lyon, *le Rhône*).

N° 5.

DE L'EFFET DES RIZIÈRES.

Les Rizières sont-elles insalubres?

L'introduction de la culture du riz dans les terrains salés du Delta du Rhône est un fait aujourd'hui connu de la France entière; tout le monde en parle; tous les organes de la publicité s'en sont occupés; l'opinion publique l'a accueilli avec une faveur marquée. Néanmoins, comme tous les faits nouveaux d'un haut intérêt, ce fait a besoin d'être envisagé sous toutes ses faces; plus on l'examinera dans son utilité, dans son opportunité, dans ses conséquences, plus, nous en avons la certitude, il acquerra de valeur à tous les yeux.

Ce que nous voulons examiner aujourd'hui, c'est la question d'insalubrité en elle-même, question très-grave, qui ne nous a pas paru être comprise comme elle aurait dû l'être, et à laquelle nous allons tâcher de restituer son caractère réel. Nous le ferons brièvement, mais de manière à ce que personne ne puisse conserver le plus léger doute à cet égard.

Qu'on ne l'oublie pas, la culture du riz est un fait d'une trop haute importance pour notre arrondissement; la fortune publique et les fortunes privées en éprouveront de trop heureux effets pour que nous ne l'étudiions pas sous tous ses aspects. En un mot, la culture du riz est désormais pour nous une affaire d'*intérêt public* au premier chef, et tout ce qui s'y rattache doit faire l'objet de notre plus sérieux examen.

S'il s'agissait d'établir des rizières à la porte des villes, à proximité des grands centres de population, ou bien sur des terrains depuis longtemps desséchés, sains, fertiles, productifs, nous concevrions, jusqu'à un certain point, que l'on s'émût de cette tentative, mais il n'est question de rien de semblable; les terrains sur lesquels on se propose d'introduire le riz sont des terrains éloignés, salés, marécageux, insalubres, déserts et à peu près entièrement improductifs. Ce n'est donc point un dommage que l'on cause, c'est un service que l'on rend à la société; c'est une conquête que l'on fait; et quelle conquête! La conquête de plus de *cent mille hectares* rendus à l'agriculture, et de plus de *deux cent millions* ajoutés à la richesse du pays!

En d'autres termes, et en supposant que la contrée reste également malsaine dans les deux cas (on verra bientôt ce que l'on doit penser de cette supposition) :

Vaut-il mieux avoir une contrée malsaine, *pauvre, déserte* et *improductive?*

Ou bien :

Vaut-il mieux avoir une contrée malsaine, *riche, peuplée* et *éminemment productive?*

Ainsi posée, la question se résout d'elle-même.

Plus une contrée est riche et productive, en effet, plus les habitants disposent de ressources considérables, plus le bien-être est généralement répandu. Là, les cultivateurs sont plus à leur aise ; ils sont mieux logés, mieux nourris, mieux vêtus ; ils ont en plus grande abondance tous les objets nécessaires à la vie, et par conséquent ils supportent mieux les fatigues, ils réagissent mieux contre les causes des maladies ; ils résistent mieux aux influences nuisibles du climat. C'est un fait qui n'a pas besoin de démonstration.

Jusqu'ici nous avons raisonné dans l'hypothèse de l'insalubrité des rizières; mais nous posons en fait que ces *rizières*, loin d'être aussi insalubres que pourraient le penser les personnes qui ne vont pas assez au fond des questions et jugent trop superficiellement des choses, seraient beaucoup moins contraires à la santé publique que ce qui existe aujourd'hui dans les lieux où l'on vient de les introduire.

Et cela pour quatre raisons principales :

1° Parce qu'elles feront succéder des *eaux courantes* à des *eaux stagnantes*, causes premières des miasmes fiévreux. On n'ignore pas, en effet, que c'est à l'influence des marais sans écoulement qu'il faut attribuer les maladies endémiques qui se manifestent dans certaines localités ; tandis que, partout où l'eau se renouvelle, l'air est sain et pur.

2° Parce que, les irrigations se faisant dans le Delta du Rhône avec les eaux de ce fleuve qui y sont, en tout temps, chargés d'un limon épais et fécondant, et ce limon se déposant sans cesse par le fait de l'arrosage continu auquel devront être soumises les rizières, les terrains bas et marécageux s'exhausseront rapidement, et pourront dès-lors être facilement desséchés ; ce qui n'a pas lieu aujourd'hui.

3° Parce que la culture du riz, dessalant le sol par la dissolution du sel qu'il renferme, et conséquemment le rendant propre à toutes les autres cultures, permettra d'y créer des prairies naturelles arrosées, mode d'exploitation parfaitement sain, et en même temps le plus riche, le plus productif et le plus sûr de tous ceux en usage dans le Midi.

4° Enfin, parce que les propriétaires, tirant un meilleur parti de leurs terres, pourront y faire les dépenses nécessitées par leur intérêt bien entendu, autant que par l'intérêt public ; tandis que, dans l'état actuel ces dépenses exigeant des capitaux considérables qui ne leur rendraient aucun intérêt, ils ne peuvent rien faire et ne font rien, au grand détriment du pays.

Telles sont les raisons sur lesquelles se fondent notre opinion ; il nous semble difficile d'en contester l'exactitude, et nous croyons qu'elles suffisent pour frapper les esprits justes.

S'il est un axiôme d'économie politique dont la vérité soit reconnue de tout le monde, c'est celui-ci :

« *Augmenter la richesse d'un pays, c'est améliorer sa situation morale* » *et matérielle.* »

On dirait que cet axiôme a été créé pour la circonstance.

Au surplus, ce n'est point en France seulement que s'est agitée la question des rizières ; cette question a été plusieurs fois très longuement et très savamment débattue dans différents congrès scientifiques italiens, c'est-à-dire dans des congrès scientifiques composés des hommes les mieux placés pour bien apprécier les faits ; notamment dans les congrès de Turin, de Florence et de Lucques ; et cette question, dans ces divers congrès a constamment été résolue d'une manière favorable aux rizières. Dans tous ces congrès la culture du riz a toujours été présentée et reconnue comme l'un des plus puissants moyens d'assainir et d'améliorer le sol. C'est également l'opinion de l'ingénieur Michela, du savant docteur Orioli, du statisticien Pettiti, de l'agronome Ridolfi qui fait autorité en cette matière, du physiologiste Gera, de l'ingénieur Potenti, qui a été spécialement chargé par le grand-duc de recherches sur ce sujet, et de plusieurs autres personnages éminents dans la science (1).

En voilà sans doute assez pour porter la conviction dans toutes les intelligences ; nous avons cru devoir entrer dans ces détails parce qu'il s'agit d'un fait d'une portée immense, de l'introduction d'une nouvelle substance alimentaire dans un pays jusqu'à présent oublié, pauvre, désert et improductif ; et cela dans un moment où la crainte d'un manque éventuel des subsistances préoccupe avec raison les meilleurs esprits.

Il y a dans cette double considération tout ce qu'il faut pour que l'introduction de la culture du riz dans les terrains marécageux et salés du Delta du Rhône soit accueillie avec une extrême faveur par tous les hommes qui ont à cœur les grands intérêts du pays.

(Journal d'Arles *le Publicateur*, octobre 1846.)

(1) C'est aussi l'opinion de M. de Candolle. Cette opinion est consignée et motivée dans un mémoire publié par ce savant, en 1813, à la suite d'un voyage d'inspection qu'il venait de faire en Italie par les ordres de Napoléon.

N° 4.

CONSEIL GÉNÉRAL DES BOUCHES-DU-RHONE.

Voici comment s'exprimait, à l'égard du Rhône et des travaux agricoles du Delta, M. le Préfet des Bouches-du-Rhône, le 30 août 1847, à l'ouverture de la dernière session des Conseils généraux :

« *En première ligne se présente le problème des embouchures du Rhône, si capital pour l'avenir d'Arles, si essentiel pour l'immense navigation qui emploie ce fleuve.* Les méditations des ingénieurs ont, sur ce point, confirmé les espérances que je vous exprimais l'an passé. Ce que l'on tente en ce moment pour la Seine, au-dessous de Rouen, M. Surell et M. Bouvier le croient aussi réalisable pour le Rhône au-dessous d'Arles. Ils ne mettent pas en doute la possibilité de construire, à partir de la tour Saint-Louis, de fortes digues longitudinales submersibles, qui maintiendront depuis ce point jusqu'à la barre un tirant d'eau de quatre mètres, c'est-à-dire plus que les rivières de Seine et de Loire n'en offrent à Rouen et à Nantes. *Il est vrai qu'ils croient encore préférable d'ouvrir de la tour Saint-Louis sur le golfe de Fos un canal à grande section, praticable aux navires à vapeur, et qui n'aurait qu'environ une lieue de longueur.* Quelle que soit celle de ces idées qui prévale dans le conseil général des ponts et chaussées, les intérêts d'Arles sont garantis. L'un et l'autre de ces projets sont d'une réalisation facile et peu coûteuse. L'amélioration des passes demande une dépense de 3 millions, l'ouverture du canal exige un chiffre de 3 millions 600,000 fr. Pour l'une comme pour l'autre, les frais annuels d'entretien sont peu considérables. *Il y a donc tout lieu de considérer une décision comme très prochaine.*

« D'autres travaux devront s'effectuer dans le Rhône, au-dessus de la tour Saint-Louis, pour approfondir le chenal navigable. Ils sont d'ailleurs d'une nature très simple et se rattachent par un lien intime à la défense de la Camargue. Plus cette île sera protégée et à l'abri des invasions des flots, moins la rivière sera vagabonde, plus elle sera forcée de creuser son lit. Les intérêts du commerce se trouvent ici réunis de la manière la plus évidente à ceux de la propriété, cette considération doit, ce me semble, déterminer le Gouvernement à dépasser, en faveur de l'endiguement du Grand-Rhône, la proportion qu'il a fixée pour les ouvrages du syndicat de Beaucaire et de Saint-Gilles. S'il accorde à la rive droite du Petit-Rhône, laquelle ne voit jamais passer un bâtiment de commerce, le quart des sommes nécessaires à sa protection, ce n'est pas trop qu'un contingent de moitié dans les dépenses qui pèsent sur les riverains de la branche où circulent tant de milliers de navires. C'est ce chiffre que j'ai sollicité du Ministre des travaux publics, en lui soumettant un projet de réorganisation des associations des chaussées du Rhône dans le territoire d'Arles. Cette réorganisation, surtout si elle est accompagnée d'une décision favorable, quant au concours de l'État à la construction des ouvrages défensifs, aura pour la Camargue et pour le Plan-du-Bourg de prompts et salutaires résultats. Elle préviendra pour jamais (autant que ce mot peut être prononcé) le retour des désastres dont nous avons été tant de fois et si récemment les témoins. A une foule d'associations imprévoyantes, faibles, désarmées, agissant isolément, au hasard, dans un but égoïste, ou le plus souvent n'agissant pas, dans le désir d'économiser quelques écus, succédera une administration unique, qui aura, avec une suffisante autorité, une responsabilité véritable, qui ne se dirigera que par des vues d'ensemble, qui se créera une caisse de réserve, qui n'attendra pas pour combattre le Rhône, qu'une inondation ait décuplé les difficultés du combat.

» Il y a d'autant plus de raison d'espérer de notables améliorations dans le régime des eaux du Rhône et dans la situation de ses riverains, que ce n'est pas le Gouvernement seul qui s'occupe à présent de cette contrée. D'un côté, la dotation annuelle du fleuve s'est élevée rapidement, dans l'espace de cinq années, du faible chiffre de 600,000 fr. à celui de 2,000,000; d'autre part, les capitalistes ont reconnu que la Camargue présentait un champ favorable à leurs spéculations. A l'heure qu'il est, une première expérience, qui paraît heureuse, donne à croire que la culture du riz peut y être introduite avec de grands bénéfices. On annonce que sur plusieurs points, le produit de cette récolte montera à 1,200 fr. par hectare. S'il en est ainsi, si, comme on l'assure pareillement, le riz peut croître dans des terrains qu'un excès de salure rend impropres à la production des céréales et des fourrages, l'accroissement de valeur qui résultera de cette innovation pour les portions de l'île regardées jusqu'à ce jour comme vouées à une éternelle stérilité, encouragera énergiquement, non seulement l'exécution des projets qui doivent procurer la sécurité du territoire contre le fleuve et la mer, mais de ceux qui ont pour objet de lui amener d'abondantes eaux d'irrigation.

N° 5.

DU PROBLÈME DES BARRES ET DE SA SOLUTION ; état de la science à cet égard.

Les enquêtes relatives aux projets étudiés pour l'amélioration des embouchures du Rhône sont ouvertes à Lyon ; le moment est donc venu d'examiner ces deux projets avec toute l'attention qu'ils méritent. L'importance du problème, l'intérêt immense qu'il présente pour l'avenir industriel et commercial de Lyon, suivant qu'il sera plus ou moins bien résolu, sont des considérations que personne n'ignore aujourd'hui. Tout le monde comprend, en effet, à merveille que la transformation du bas Rhône en port de mer est une de ces pensées dont la réalisation honore un siècle, qu'une pareille création deviendrait un fait économique et social d'une portée incalculable, et que les travaux entrepris dans ce but constitueraient l'un des plus grands, des plus beaux et des plus utiles ouvrages que l'art puisse exécuter au profit de cette vaste portion du territoire national, dont le Rhône est la principale artère, au profit de la France entière, qui vit, progresse et prospère de la vie, du progrès et de la prospérité de chacune de ses parties, toutes solidaires entre elles. Mais ce que tout le monde ne comprend peut-être pas aussi bien, c'est la valeur du moyen le plus propre à produire un résultat si magnifique et si désirable. Cherchons à éclaircir ce côté de la question.

Deux projets sont présentés. Il est dès lors évident que le projet le plus simple, le plus facile à réaliser, celui qui présente les effets les plus incontestables, les plus durables, les plus positifs; celui qui s'accorde le mieux avec les pratiques de l'art et les observations de la science; celui dans lequel tout peut être soumis aux lois rigoureuses du calcul, depuis les travaux à entreprendre jusqu'aux conséquences de ces travaux; celui qui est conforme à l'expérience de tous les peuples et de toutes les époques; celui qui donnera la profondeur d'eau la plus grande, la plus certaine, la moins soumise aux variations atmosphériques; celui qui offrira à la navigation la sécurité la plus complète, et qui, dans tous les cas, pourra se plier à toutes les exigences ultérieures du commerce avec le plus de facilité et le moins de dépenses; il est évident, disons-nous, que ce projet est celui des deux auquel on doit sans balancer attribuer la préférence.

Un travail incertain, douteux, problématique; un travail dont l'ingénieur lui-même qui l'a conçu ne peut ni préciser la portée, ni garantir les effets; où tout demeure comme enveloppé d'un nuage; où tout est éventualités, conjectures, hypothèses, quelque belles que puissent être ces éventualités, ces conjectures et ces hypothèses, est un travail entaché de nullité, un travail frappé d'un vice radical, et qui doit être repoussé.

La solution d'un problème tel que le problème des embouchures du Rhône demande des calculs rigoureux, des calculs dont les effets puissent être parfaitement appréciés d'avance, et non point seulement des formules hypothétiques ou des suppositions gratuites.

Ce n'est pas sur de vagues probabilités que l'État, surtout dans la situation actuelle des finances, pourrait s'amuser à jouer des millions. Les chambres d'ailleurs y seraient, nous le croyons, peu disposées, et commissent-elles cette inconséquence, nous serions les premiers à les en blâmer. Dans un moment où tant d'ouvrages essentiels languissent faute de fonds, confier de nouveaux capitaux au hasard serait se donner un tort sans excuses possibles ; ce tort serait encore plus inexcusable, si, en présence d'un projet hasardeux, on en avait un second parfaitement certain, conduisant au même but, et que l'on ne choisît pas ce dernier. Au milieu des circonstances qui nous pressent, avec l'ouverture prochaine de toute la ligne du chemin de fer de Marseille à Arles, qui menace les transports d'un redoutable monopole si l'entrée du Rhône n'est pas rendue aisément praticable, échouer dans l'amélioration des embouchures de ce fleuve, choisir un projet qui ne pourrait conduire qu'à l'avortement, serait non seulement sacrifier de la façon la plus ingrate et la plus inutile des sommes considérables qui pourraient être beaucoup mieux employées, mais encore causer au commerce général du pays un préjudice irréparable.

Ces réflexions nous ont été inspirées par une lecture attentive du mémoire imprimé que M. l'ingénieur Surell a récemment adressé à la préfecture du Rhône, pour servir à l'enquête administrative qui vient de s'ouvrir à Lyon.

Il nous a semblé, et toutes les personnes qui liront avec soin le mémoire de M. Surell, seront, nous le pensons, de notre avis ; il nous a semblé, disons-nous, que l'un des projets présentés, celui du rétrécissement du lit fluvial, à son embouchure, au moyen d'un double système de digues submersibles et insubmersibles, n'offrait que des éventualités, et ne reposait que sur des données entièrement hypothétiques ; tandis que le second, celui d'un canal maritime de grande navigation, auquel on pourrait toutefois reprocher des proportions trop étroites, conduisait au résultat cherché avec toute la certitude, toute la précision désirables. Nous ne saurions donc trop appeler l'attention des hommes qui seront appelés à exprimer leur opinion pendant le cours de l'enquête, sur la partie du mémoire de M. Surell, dans laquelle cet ingénieur établit un parallèle entre les différentes solutions proposées ; là se trouve le nœud de la question. Il est, en effet, évident que dans une affaire aussi grave, il y aurait folie à jouer l'avenir sur un coup de dé, et qu'entre deux projets, dont l'un est *certain* et l'autre *incertain*, c'est à celui qui est *certain* que la raison commande de se rattacher, en dépit des influences plus ou moins intéressées qui pourraient essayer de donner le change à l'opinion publique.

Voici, au surplus, ce passage si essentiel du mémoire de M. Surell :

nous le donnons *in extenso*, en raison de son importance. Pour qui sait lire, il dit tout.

Après avoir démontré que le canal maritime de grande navigation, connu sous le nom de *canal Saint-Louis*, est en tous points supérieur au projet de canal primitivement étudié sous le nom de *canal de Bras-Mort*, M. Surell passe à la comparaison de la première de ces deux solutions, avec l'amélioration directe des embouchures du Rhône projetée, ainsi que nous l'avons déjà fait observer, au moyen du rétrécissement du fleuve par un double système de digues longitudinales submersibles et insubmersibles ; il s'exprime ainsi :

« Le canal (*le canal Saint-Louis*) serait-il de même préférable à l'en- « diguement des embouchures, tel que nous l'avons proposé ? Cette ques- « tion ne peut, selon nous, être tranchée que par une enquête faite avec « soin, où les hommes-pratiques, les marins et les compagnies de paque- « bots auront fait connaître leurs préférences et leurs besoins.

« Les deux solutions semblent égales, à beaucoup d'égards. Elles ou- « vrent deux voies vers la mer, dont le départ commun est à *la tour* « *Saint-Louis*, qui débouchent sur la même plage, à trois kilomètres « l'une de l'autre, et il semble indifférent à la navigation, quant à la di- « rection même des deux routes, de prendre l'une ou l'autre.

« Des deux côtés, il y a lutte contre les envasements, avec l'espoir d'en « triompher : ici, *où ils sont formidables*, en s'aidant de la chasse éner- « gique du fleuve (1); là, où ils sont faibles, par le secours des machines. « Si le canal exige un service d'éclusiers, le Rhône aura son balisage et ses « pilotes lamaneurs. Tous deux ne rempliront leur but qu'à l'aide de « travaux incessants : sur le Rhône, ce sont les jetées *assujéties à suivre* « *en mer la barre fuyant devant elles* ; sur le canal, c'est un draguage qui « doit faire équilibre aux limons introduits par le fleuve d'un côté (c'est- « à-dire par le passage de l'eau nécessaire aux éclusées), par la mer de « l'autre.

« Les résultats nous paraissent également certains des deux côtés. *Mais* « *à quel degré l'état actuel des embouchures sera-t-il amélioré ? Quelle* « *sera la profondeur exacte de la passe ? Voilà ce qu'il serait impossi-* « *ble de préciser. On ne peut disconvenir qu'à cet égard, le canal, qui* « *ne présente pas cette incertitude, offre par là même un avantage sur* « *les embouchures. Il donnera le tirant d'eau annoncé, ni plus ni moins,* « *et, en le construisant, on sait au juste à quoi l'on aboutira.*

« *Cet avantage n'est pas le seul. Les embouchures, même améliorées,* « *ne seront jamais un passage parfaitement facile. Nous pouvons bien*

(1) On verra plus loin que cette chasse n'existe pas et ne peut pas exister.

« *abaisser la barre; mais que peut l'art contre les forces atmosphériques et les brisants de la mer, qui interceptent si souvent le passage, non pas faute de mouillage, mais faute de liberté dans la manœuvre des navires? Ceux-ci auront toujours à lutter contre les courants du fleuve, celui du littoral, les vents contraires et les brisants, toutes les fois que la mer sera mauvaise. L'approfondissement de la barre diminuera sans doute une partie de ces difficultés, mais on ne peut espérer qu'elle les efface complètement. Le canal, au contraire, s'ouvrant dans une anse qui sert déjà maintenant de refuge aux navires, offrira, dans les gros temps, une ressource précieuse. Il rendra l'entrée du fleuve praticable, alors qu'elle ne le serait plus par l'embouchure.*

« Ce sont là d'incontestables avantages. Mais, de son côté, l'embouchure naturelle n'offre-t-elle pas au commerce une route plus prompte, plus libre et plus spacieuse que le canal, où le passage de l'écluse, quelque diligence qu'on y mette, pourra devenir une cause d'encombrement et de retard, si le mouvement maritime d'Arles s'élève à la hauteur qui lui est réservée? Par les temps calmes, par les bons vents, les navires ne préféreront-ils pas entrer par la porte du fleuve, affranchie de toute sujétion? Ne la saisiront-ils pas encore de préférence à la sortie par les vents du nord et du nord-ouest?... »

C'est possible pour les petits navires semblables à ceux qui font aujourd'hui le cabotage entre Arles et Marseille, navires imparfaits, tenant mal la mer, qui d'ailleurs, dans l'hypothèse d'une amélioration importante, seront, sans aucun doute, remplacés par des navires plus grands, et, par conséquent, d'une navigation plus économique; mais, pour les bâtiments d'un tonnage moyen, il faudrait nécessairement un approfondissement considérable de la passe. Or, c'est précisément ce qui est en question, et ce que M. Surell lui-même, ainsi qu'on vient de le voir, ne peut, en aucune façon, garantir par l'application du système de l'endiguement longitudinal.

Après cela, nous ne nous attacherons pas à discuter la dépense relative des deux projets. M. Surell pense que celle du canal et de son entretien serait un peu plus considérable que celle de l'endiguement et de son prolongement annuel. Que ce calcul soit exact ou non, il ne s'agit pas, dans une pareille question, de quelques centaines de mille francs, en plus ou en moins; il s'agit surtout de résoudre le problème d'une manière sûre et définitive. Nous ne pouvons toutefois nous empêcher de faire remarquer que M. Surell se fait peut-être illusion sur la véritable dépense d'un travail aussi considérable, exposé à autant d'inconnues, et soumis à autant de causes de destruction que l'endiguement d'un fleuve comme le Rhône à son embouchure. M. Poulle, ingénieur en chef à la résidence d'Arles, avant M. Surell, évaluait ce travail à 14,550,000 fr., et son entretien annuel à 128,200 fr. ; M. Surell n'en porte l'établissement qu'à 3,000,000, et l'entretien à 36,000 fr. par an ; 36,000 fr. pour des jetées *assujéties à suivre en mer la barre fuyant devant elles* ; c'est bien peu de chose ! (1)

Au surplus, nous le répétons, il ne s'agit pas dans tout ceci de la dépense, à proprement parler ; il s'agit d'exécuter un travail réellement utile, de viser à un but clairement défini, d'obtenir un résultat assuré, toutes choses que le système de l'endiguement longitudinal est impuissant à nous donner.

Sous ce rapport, le mémoire de M. Surell, quelque part qu'on le consulte, est rempli de doutes et d'incertitudes. Ces incertitudes néanmoins ne nous étonnent pas ; il ne pouvait en être autrement.

L'amélioration des barres que présentent les fleuves à leur entrée dans la mer est un des problèmes les plus difficiles, les plus compliqués, et, nous oserions dire, les plus insolubles que l'art, aidé de la science, soit appelé à résoudre.

Depuis que les hommes ont commencé à faire usage des grands cours d'eau qui se perdent dans les mers, ils ont cherché le secret d'en améliorer les embouchures, sans l'avoir encore trouvé.

M. Surell, pour justifier, nous ne dirons pas ses calculs, mais ses espérances, cite l'exemple de plusieurs petites rivières d'Angleterre, telles que la Clyde, le Tay, la Saverne, etc., dont le cours inférieur a été heureusement modifié par des travaux récents exécutés dans le lit du fleuve.

Mais ces exemples ne peuvent en aucune façon être invoqués à l'appui des travaux proposés sur le Rhône, et cela pour trois raisons principales :

1° Parce que les rivières que nous venons de nommer, n'ont point été améliorées sur leur *barre* proprement dite et à leur *embouchure*, mais dans leur régime *intérieur*, ce qui est tout-à-fait différent. Ainsi, l'*entrée* de la Clyde a toujours offert aux navires une grande profondeur d'eau, puisque les ports situés sur cette rivière recevaient des bâtiments de 500

(1) Pour maintenir son devis dans d'étroites limites, M. Surell arrête les travaux d'endiguement à 2,500 mètres de la barre ; il y aura, sans doute, économie à ce calcul, mais est-il sûr qu'il y aura amélioration sensible ?

Dans les mers du Nord, où, grâce aux marées, on obtient, dans certains ports, comme à Ostende, par exemple, d'énormes chasses de 300 et même de 400 mètres cubes par seconde, tombant de 6 à 7 mètres dans un chenal étroit et vaseux, les effets produits sont toujours limités à une très petite distance du point de départ. Quels résultats dès-lors peut-on espérer d'un fleuve sans courant appréciable à son embouchure, pendant la plus grande partie de l'année, et qui, de plus, s'épanchera sur une immense surface, à 2,000 mètres en avant du passant amas de sable et de limon incessamment battu et condensé par les vagues, qu'il lui faudrait cependant déplacer ? N'est-il pas présumable qu'il sera sans force pour agir contre cet obstacle, et qu'il trouvera d'ailleurs, dans une mer dont le niveau ne varie jamais, une résistance inerte, constante, invincible, qui brisera et qui paralysera toujours l'effort de ses eaux.

et 600 tonneaux avant l'endiguement, dont le résultat a été seulement d'approfondir, les draguages aidant, le *lit intérieur* de la Clyde, et surtout de favoriser l'invasion du flot. La forme conoïde du nouveau lit a augmenté l'ascension de l'eau, de telle sorte que la marée, qui ne s'élevait que d'un mètre environ à Glascow, s'y élève aujourd'hui de quatre à cinq mètres. Il en est de même pour les autres rivières ; ce n'est point sur la *barre*, mais dans l'*intérieur de leur lit*, qu'elles ont été améliorées.

2° Parce que leur bassin étant très borné, la masse des terres entraînées par les eaux est hors de toute proportion avec celle que charrie notre grand fleuve méditerranéen ; la puissance d'attérissement d'un cours d'eau, et par conséquent, l'importance de sa *barre*, étant ordinairement d'autant plus considérable que la surface de son bassin est plus étendue. Comment, en effet, comparer le bassin de la Clyde, d'environ *vingt* myriamètres carrés avec celui du Rhône, qui dépasse *neuf cent vingt-sept* myriamètres carrés ! Comment comparer une rivière qui roule à peine annuellement quelques milliers de mètres cubes de limon, avec un fleuve qui, dans ses grandes crues, peut jeter à la mer jusqu'à *cinq millions de mètres cubes* de terre en *vingt-quatre* heures ! On peut dire, au surplus, que la partie inférieure des petits cours d'eau mentionnés par M. Surell, est un rentrant de la mer, une sorte de golfe plutôt qu'une embouchure de rivière, dans la véritable acception du terme.

3° Enfin, et cette dernière raison est sans réplique possible, parce que toutes ces rivières sont des rivières à marées, dans lesquelles le flux et le reflux, convenablement réglés et dirigés, produisent des chasses puissantes qui approfondissent et nettoient le chenal ; tandis que le Rhône, aboutissant à une mer sans marées appréciables, ne pourra jamais exercer d'autre action que celle de son courant, courant dont la vitesse, extrêmement faible au-dessous d'Arles, devient presque nulle à la tour Saint-Louis, et qui, quels que soient les travaux que l'on exécute, sera toujours amortie, à son entrée dans la mer, par la résistance insurmontable que lui opposera la masse inerte et invariablement immobile de la Méditerranée. Malgré tous les ouvrages possibles, là se précipiteront toujours les matières en suspension dans le Rhône, parce qu'il n'y aura plus de courant pour les entraîner ; là se formeront toujours les dépôts que l'on chercherait vainement à anéantir, et que l'on ne ferait que déplacer. Comment, en effet, espérer une puissance de chasse quelconque en un point où, par l'équilibre parfait qui s'établit entre la résistance de la mer, d'une part, et l'action des eaux du fleuve, de l'autre, ces deux forces neutralisées s'annulent réciproquement, et ne peuvent plus être représentées que par zéro ? Il n'y a donc aucune analogie, aucune comparaison à établir entre les rivières qui débouchent dans des mers à *marées*, et celles qui s'ouvrent dans des mers à *niveau constant*. On aura beau construire incessamment des jetées, la barre ira se reformer en avant, ou, comme dit M. Surell, *la barre fuira devant elles !*...

Si d'ailleurs on peut citer la réussite de tentatives faites sur la Clyde, le Tay, la Saverne, etc., on peut opposer avec tout autant de raison, l'insuccès des ouvrages de la même nature entrepris dans la Loire, et surtout à l'embouchure de l'Adour, où les endiguements au moyen desquels on pensait améliorer l'état de la passe, l'ont rendue plus difficile et plus défectueuse qu'elle ne l'était avant ces travaux.

« Quand on entreprend ces sortes d'améliorations, dit M. Surell, *on a » tantôt plus, tantôt moins* qu'on n'espérait ; » en d'autres termes, on agit au hasard, et sans savoir ce que l'on fait.

Disons-le hautement afin de dissiper des illusions qui, si elles pouvaient être écoutées, n'aboutiraient qu'à une ruineuse déception, jamais, dans aucun temps, chez aucun peuple, sur aucun fleuve du monde placé dans les mêmes conditions que le Rhône, on n'a obtenu des effets semblables à ceux que l'on voudrait essayer de produire. A-t-on jamais amélioré l'embouchure du Nil, du Danube, du Pô, du Tibre, etc. ?

Les Romains, qui ont fait tant de grandes choses, et ont montré une si étonnante hardiesse dans leurs travaux, se sont bien gardés de chercher à résoudre ce problème insoluble. Au lieu d'attaquer l'obstacle de front, ils le tournaient.

C'est ainsi que Marius entreprit le canal qui porte son nom, et qui, pendant longtemps, a rendu des services signalés à la ville d'Arles ; Drusus, celui qui allait du Rhin à la mer du Nord, et qui existe encore, sous le nom de l'*Yssel* ; Auguste, celui qui unissait le Pô à l'Adriatique ; Trajan, celui qui devait mettre en communication le Danube et la mer Noire ; on projette aujourd'hui de reprendre l'œuvre de Trajan. Depuis, ces travaux ont été détruits ou endommagés, parce que les Romains, ne connaissant pas les écluses, ne pouvaient s'opposer au passage des eaux fluviales, et, par conséquent, laissaient leurs canaux exposés à toutes les causes d'attérissement qui se font sentir à l'embouchure des grands cours d'eau. L'effet était un peu plus lent, mais il n'en était pas moins certain, et l'on pouvait d'avance en calculer rigoureusement la marche et le terme.

Le canal de la Nouvelle, près Narbonne, qu'on attribue aux Romains ; le Pô de Goro, ouvert par les Vénitiens au XVIe siècle, les énormes dérivations faites par les Chinois dans le delta de Hoang-Ho, sont des exemples du même genre. La branche Bolbitine du Nil, aujourd'hui le bras de Damiette, n'était dans l'origine qu'un canal creusé de main d'homme. Il en est de même du bras de Rosette, et « il est assez singulier que des sept « bouches que les anciens reconnaissaient au Nil, il n'en reste plus que « deux, qui sont celles créées artificiellement. » (Mémoire de M. Surell, page 92.)

Le canal d'Arles au port de Bouc, conseillé par Vauban, et devenu tout-à-fait insuffisant depuis les immenses progrès réalisés par la navigation à vapeur, le canal de l'Orne, ont été creusés de nos jours d'après la même pensée et dans le même but.

Conclusion.

1° L'amélioration de la *barre* proprement dite d'un fleuve est un problème insoluble dans l'état actuel de la science ;

2° Partout où l'on a pu tourner cette difficulté au moyen d'un canal maritime, on s'est empressé de le faire.

Cette conclusion nous est inspirée par la raison, par le bon sens et par les faits ; nous la justifierons, en outre, par des autorités qui suffiraient à elles seules pour juger la question souverainement et sans appel.

A-t-on jamais amélioré l'embouchure du Tibre, disions-nous ci-dessus ? Non, sans doute ; mais on l'a essayé. Sauf le volume des eaux, le Tibre est un fleuve qui se trouve dans des conditions exactement semblables à celles dans lesquelles se trouve le Rhône. On a cherché à l'améliorer en l'emprisonnant à son embouchure, au moyen d'un système d'endiguement, à peu près semblable à celui qui fait l'objet du premier des deux projets étudiés et présentés par M. l'ingénieur Surell ; veut-on savoir le résultat de ces travaux ? C'est M. de Tournon, ancien préfet de Rome, qui va nous l'apprendre :

« Le Tibre, dit M. de Tournon, après avoir erré dans les campagnes romaines, avait autrefois son cours vers le sud, et se déchargeait dans la mer par une embouchure unique, mais les atterrissements gênant de plus en plus l'élévation des eaux, la nature, ou peut-être l'art, ouvrit vers le nord une seconde branche plus courte qui fut adoptée par les navigateurs. Cependant, les alluvions continuant à agir, l'île qui séparait les deux branches prit beaucoup d'étendue, et une plage nouvelle s'imposa entre l'ancien rivage et la mer. Force fut de continuer le canal navigable *vers cette mer qui semblait fuir*. Des empereurs et des papes, de Trajan à nos jours, ont travaillé à cet ouvrage, *qui n'est jamais fini*. Paul V surtout, s'en occupa avec zèle ; mais l'alluvion est *si prompte à se former*, que la rive actuelle est à 2,200 mètres du port construit par Trajan ; que la tour Alexandrine, bâtie par Alexandre VII, il y a deux siècles, en est à 554 mètres, et qu'enfin, une autre tour construite, il y a peu d'années, sur le bord même de la mer, s'en trouve distante de 118 mètres. (*Études statistiques sur Rome.*) »

N'est-ce pas là l'histoire du Rhône ? Avec cette différence, que, le volume des eaux de notre grand fleuve, étant beaucoup plus considérable que le volume des eaux du Tibre, ses alluvions sont beaucoup plus étendues, et leur formation beaucoup plus prompte.

On a également essayé d'améliorer l'Adour, à l'aide des mêmes moyens.

Des ingénieurs proposaient l'ouverture d'un canal maritime ; d'autres opinaient pour un rétrécissement du lit ; ce furent ces derniers qui l'emportèrent. Des jetées furent établies à grands frais. Depuis lors, l'embouchure de l'Adour est devenue plus difficile et plus défectueuse qu'elle ne l'était auparavant, à tel point, qu'il a été question de détruire ce qui avait été fait. Et, cependant, l'Adour est une rivière où la marée monte à près de trois mètres, tandis que sur la Méditerranée, où la marée est presque nulle, et surtout à l'embouchure du Rhône, où ce phénomène est insensible, on ne saurait même avoir cette force à sa disposition. Or, puisqu'on n'a rien pu sur un fleuve où l'on avait pour auxiliaire une marée de trois mètres, on pourra bien moins encore sur un fleuve sans marée. Cette conséquence est si rigoureusement logique, qu'on a peine à comprendre comment un ingénieur, du mérite de M. Surell, a pu songer à l'amélioration des embouchures du Rhône, par des travaux en lit de rivière. Il est vrai que M. Surell n'affirme rien, ne garantit rien, et se renferme seulement et exclusivement dans le champ incertain des hypothèses.

Voici ce que pensait M. Monnier des travaux projetés sur l'Adour, car la question était posée à Bayonne, comme elle l'est à Arles :

« Elle est grande à mon avis, disait M. Monnier, l'erreur de MM. les praticiens de Bayonne, qui s'imaginent que les améliorations de la passe peuvent s'accroître indéfiniment avec le *prolongement des jetées* dans la normale au rivage.... On ne doit avancer les jetées vers la mer que lorsque la nécessité s'en fait impérieusement sentir.

« Supposons un instant qu'on soit parvenu à porter l'extrémité des jetées jusque sur le bourrelet, à se mettre à cheval sur la barre, comme je l'ai entendu dire à Bayonne, et cherchons à reconnaître quelles seront les conséquences de *ce travail prodigieux*. Les eaux du fleuve, contenues entre des digues plus avancées à la mer, exerceront leur action pour l'entretien du chenal, à une plus grande distance du rivage ; mais *n'est-il pas évident* que les sables et les graviers mis en mouvement par les courants de la marée et la masse naturelle des eaux de l'Adour, viendraient toujours se déposer dans les positions où la vitesse des eaux, qui sortent de la rivière, est en partie détruite par l'inertie des eaux de l'Océan, et par l'extension de la veine liquide en dehors des jetées, et qu'ainsi les travaux d'endiguement *poussés jusqu'au bourrelet n'enlèveraient pas la barre*, mais lui donneraient *une saillie beaucoup plus grande que celle qui existe aujourd'hui, sans augmenter probablement d'une manière bien sensible la profondeur de la passe*. On éprouverait donc le regret d'avoir fait de grandes dépenses pour produire, dans la forme de la barre, des changements que les navigateurs ne considéreraient certainement pas comme une amélioration (1).

« Enfin, il faut bien le dire, il est malheureusement trop vrai que le port de Bayonne doit éternellement subir les inconvénients d'une navigation rendue plus ou moins difficile par la présence d'une barre variant de position en hauteur, inconvénient qu'on ne peut combattre efficacement qu'avec de puissants remorqueurs, et en se bornant à maintenir la passe dans la normale au rivage. (*Annales maritimes*, 1837.) »

(1) Plus la barre se porterait au large, plus les bâtiments qui viendraient l'attaquer à petite distance du rivage seraient exposés à recevoir de côté les coups de mer qui s'élèveraient sur les accores du nord et du sud. (Note de M. Monnier.)

M. l'ingénieur Bouniceau, dans son *Étude sur la navigation des rivières à marées*, ouvrage qui fait autorité dans la science, après avoir longuement discuté les probabilités d'amélioration qu'offrent les rivières où le flux et le reflux sont considérables, s'exprime ainsi à propos de l'Adour :

« Tout ce que nous venons de dire nous paraîtrait, nous le répétons, devoir être suivi d'un plein succès sur l'Adour, *si cette rivière était secourue par de fortes marées* ; mais il n'en est pas ainsi. Nous avons, dans ce qui précède, parlé, non pour l'Adour, mais pour une rivière qui, placée dans la même situation géognésique, *aurait de fortes marées*. Les rivières qui débouchent à la Méditerranée, où il n'y a que deux à trois pieds au plus de marée, *sont donc exclues de cette étude* ; celles du golfe du Mexique, où il n'y a que six pieds de marées, s'en éloignent trop peu pour n'être pas très voisines de la même exclusion ; or, l'Adour n'a généralement que sept à huit pieds de marées. »

M. Bouniceau en conclut qu'il ne peut rien garantir, en ce qui concerne l'Adour, des travaux qu'il conseillerait ailleurs. *Quant aux rivières qui débouchent dans la Méditerranée, où il n'y a que deux ou trois pieds de marée* (à l'embouchure du Rhône la marée est insensible), il ne s'en occupe même pas; il les *exclut de son étude*, tant il est convaincu de l'impossibilité matérielle qu'offrirait l'amélioration de leurs embouchures. L'opinion de cet ingénieur est d'autant plus importante en cette matière, qu'il en a fait l'objet particulier de ses recherches, et qu'il se montre favorable à des projets qui auraient pour but l'amélioration des Bouches de la Seine et de la Vire.

M. Legrand, il y a peu de jours encore, sous-secrétaire d'état au ministère des travaux publics, et directeur général des ponts et chaussées, est plus explicite; il ne croit pas à la possibilité d'améliorer les embouchures des fleuves au moyen de travaux d'endiguement. Nous donnons ici un extrait du débat qui s'éleva pendant la session de 1846 à la chambre des députés, entre M. d'Angeville et lui, lors de la discussion du projet de loi sur la navigation intérieure, dont M. d'Angeville était le rapporteur. Ce débat est d'un haut intérêt pour le sujet qui nous occupe.

M. d'Angeville, qui, du reste, a fait une étude spéciale de ces sortes de questions, s'opposait, au nom de la commission de la chambre, à ce que l'on fît sur la Basse-Seine des travaux d'endiguement que cette commission considérait comme inutiles et dangereux. On verra, par la réponse de M. Legrand, que ce dernier était d'accord au fond avec M. d'Angeville, et que, si son opinion différait dans l'espèce, c'était en raison de la nature particulière des travaux sur lesquels roulait la discussion. C'est la Seine qui est en cause, mais on comprendra facilement que ce qui se dit de la Seine, où les marées, c'est-à-dire les forces que l'art peut appeler à son secours, sont considérables, doit pouvoir se dire à bien plus forte raison du Rhône où, nous le répétons, ce phénomène n'existe pas.

Voici comment s'exprimait M. d'Angeville :

« J'entre maintenant dans un autre ordre d'idées et je demande à M. le ministre, et plus particulièrement à M. le sous-secrétaire d'État, *dans quel pays du monde on est parvenu à vaincre les difficultés de l'embouchure des fleuves ?* Ne me parlez pas de cette misérable petite rivière de la Clyde, ou je répondrai : mais *dans quel pays du monde a-t-on pu améliorer l'embouchure d'un fleuve tel que celui de la Seine?* J'ai cherché dans mes souvenirs ; j'ai cherché dans les livres ; j'ai interrogé tout le monde, *et cela en vain*. Toujours on a cité la Clyde, petite misérable rivière d'Écosse, ou des rivières plus petites encore, telles que celles du Welland et de la Saverne, qui se jettent dans la baie de Walsch (1).

« La Clyde, la plus grande rivière citée, n'a pas 20 myriamètres carrés de surface de versants ; la Seine en a 758. Quelle comparaison à établir entre de pareilles rivières? La commission a-t-elle nié dans son rapport qu'on pût améliorer l'embouchure des petites rivières? Elle ne l'a jamais nié ; elle a parlé de l'embouchure des grands fleuves.

« Qu'a-t-on fait à l'embouchure du Rhône? *Un canal de dérivation*, celui d'Arles à Bouc.

« Qu'a-t-on fait sur le Nil? *Un canal de dérivation* venant à Alexandrie.

« Que se propose-t-on de faire sur le Danube? Encore *un canal de dérivation*.

« Et sans aller si loin et pour de si grands fleuves, qu'avons-nous voté pour l'Adour en 1838? Un bateau à vapeur pour traverser la barre ou banc d'ouverture, et tout le monde s'en félicite.

« Qu'avons-nous voté en 1838 pour l'Orne? *Un canal latéral.*

« Qu'avons-nous voté en 1845 pour la Loire? La création du port de Saint-Nazaire à l'embouchure du fleuve..... (2)

« Je reviens encore sur ce point, sur ce fait capital ; c'est qu'à *aucune époque, dans aucun pays*, on n'a pu améliorer l'embouchure d'une rivière telle que celle de la Seine. A cette occasion, on a parlé de la Tamise ; mais la Tamise ne vaut pas la Seine au-dessus de Melun, elle n'est presque rien au-dessus de Londres. La Marne elle-même est plus considérable que la Tamise, et, à cette occasion, la Tamise même a-t-elle été améliorée? On y a fait des digues longitudinales. L'enquête prouve qu'elles ont augmenté les ensablements du bas. Je puis vous en donner la preuve par la lecture des pièces.....

« Je disais que, ni dans une rivière, ni dans l'autre, vous ne parviendrez à vaincre la difficulté de la barre. Ce fait est de *tous les pays*, de *tous les temps*, c'est que *jamais* on n'a pu arranger l'*ouverture des grands fleuves*.

« Croyez-vous que les Anglais, si puissants et si riches, s'ils avaient pu dans l'Inde arranger l'ouverture de la rivière qui passe à Calcutta, ne l'auraient pas fait? Ils ne l'ont pas essayé, et ils ont bien fait.

« Prenez garde à ce que vous allez faire. Vous allez vous faire amorcer par la ville de Rouen, on gâtera l'embouchure de la Seine, et quand elle sera gâtée, on viendra vous demander un canal latéral, et vous serez obligés de le donner....

« Permettez-moi de vous faire une dernière citation, citation relative à cette affaire.

« Nous avons, à côté de la rivière qui nous occupe, une petite rivière, l'Orne ;

(1) Nous avons fait observer que les améliorations obtenues sur la Clyde tenaient en grande partie à l'action des dragages. Ces dragages sont d'autant plus énergiques et efficaces qu'ils s'exercent sur un petit cours d'eau ; mais se figure-t-on ce que devraient être des dragages à l'embouchure d'un fleuve dont les alluvions ont créé, dans des profondeurs inconnues, mais toutefois très considérables, un delta de 150,000 hect. D'après M. Bonniceau, déjà cité, la dépense annuelle du draguage sur la Clyde est de 250,000 fr. pour 250,000 mètres cubes de matières enlevées par quatre ou cinq dragues à feu, un remorqueur, deux cloches, et cent soixante bateaux de charge coûtant un million. On pourrait donc se demander si la présence des digues est un secours indispensable.

(2) Les Nantais ne sont pas comme les Arlésiens qui craignent que l'ouverture du canal St-Louis ne déplace le mouvement commercial d'Arles. Ils pensent avec raison que Nantes ne peut que gagner par la création d'un port à l'embouchure de la Loire.

qu'a-t-on fait pour l'Orne? A-t-on imaginé de créer une amélioration *en rivière?* non. On a eu recours à un *canal latéral*; bref, on a désespéré d'arranger une rivière dans son embouchure, alors que cette rivière n'avait que vingt-huit myriamètres (de bassin). Les difficultés d'ouverture ont paru trop grandes sur une rivière telle que l'Orne, et voilà que vous voulez prendre la Seine corps à corps?..... »

M. Legrand répondait :

« M. d'Angeville vous a dit : Mais dans quel pays a-t-on amélioré l'embouchure d'un fleuve? Qu'il me permette de lui dire que nous ne sommes pas ici *à l'embouchure* de la Seine. S'il s'agissait de travailler dans la baie, *je comprendrais l'objection*, et peut-être serais-je de l'avis de l'honorable rapporteur de la commission. Mais nous sommes *dans la Seine* et non pas *dans la baie*; nous travaillons *dans le lit du fleuve*, et non *à son embouchure*. Ce que nous voulons faire, c'est prolonger le *lit régulier*, le *chenal régulier* du fleuve, jusqu'à l'origine de la baie, qui commence à Quillebeuf. Nous voulons *perfectionner la rivière*, nous ne tentons pas d'*améliorer la baie*. Nous laissons cette baie dans son état actuel, qui suffit à la navigation. (*Moniteur universel* du 5 mars 1846.) »

Puisque M. Legrand s'exprimait ainsi à propos de la Seine, qu'aurait-il dit du Rhône?

Nous venons de parler de l'Orne, il peut être utile de faire connaître l'opinion des ingénieurs, à l'occasion des travaux d'art qui y ont été exécutés.

Voici ce que dit M. Lamandé dans un rapport sur les projets présentés pour la construction d'un barrage éclusé à l'embouchure de cette rivière.

« J'ai tracé, par des lignes ponctuées sur le même plan général n° 1, un projet de *canal latéral* sur la rive gauche, et débouchant directement à la mer, *en évitant entièrement* la baie de Sallenelles. Ce projet est conforme aux opinions précédemment émises par M. Viallet, M. Cachin et d'autres ingénieurs habiles qui se sont occupés de l'amélioration de l'Orne. C'est, selon moi, le *seul* qui puisse avoir un *succès complet*. La dépense, qui s'élèverait à environ deux millions, est l'unique cause qui puisse s'opposer à son exécution.

« Toutes les embouchures des fleuves et des rivières qui se jettent dans la mer, présentent de grandes difficultés et des dangers pour la navigation, à cause des bancs de sable ou de vase qui barrent leur cours.

« Au lieu de chercher à lutter contre *des difficultés peut-être insurmontables*, les hommes de l'art ont *toujours* cherché à les éviter par l'*ouverture d'un canal de dérivation* débouchant dans un des ports de la côte. C'est ainsi qu'on a évité les dangers des bouches du Rhône par le *canal* de Bouc.

« C'est ainsi qu'on a *abandonné l'ouverture de la Somme*, pour avoir un *canal* aboutissant au port de Saint-Valéry, et que MM. Lamblardie et Chambry avaient projeté le *canal* de Villequier, pour éviter les obstacles que présente l'embouchure de la Seine. » (*Moniteur universel*, 1846.)

De son côté, M. Tostain, ingénieur en chef du canal maritime de Caen, s'exprimait ainsi :

« Tous les projets anciennement proposés ont eu pour but d'utiliser le cours de la rivière de l'Orne, soit dans son entier, soit en partie. Bien des personnes encore aujourd'hui, frappées de la beauté de ce cours et de la facilité qu'il présente à la navigation, ne conçoivent pas que l'on ne cherche pas à lui donner plus de profondeur, *sans recourir à un canal latéral*; mais il échappe à ces personnes que presque tous les travaux que l'on ferait dans ce but *n'auraient aucune chance de stabilité*. L'état actuel de la rivière est le résultat de l'équilibre qui s'est établi entre l'action des courants d'Èbe qui tendent à creuser le fil, et l'action des courants de flot qui font remonter les alluvions, et viennent exhausser et atterrer le chenal.

« L'état actuel est donc, pour ainsi dire, en *équilibre stable*, et les choses tendraient toujours à reprendre *cet équilibre*, si l'on venait à le troubler *momentanément* par des travaux. Tout ce que l'on pourrait faire n'aurait donc *aucune chance de réussite*. On peut citer, à l'appui de ce que l'on avance ici, *un grand nombre d'expériences malheureuses* faites sur le cours des rivières sujettes aux marées (1), et, en première ligne, les tentatives faites à diverses époques sur la rivière d'Orne elle-même.

« Toutes les fois qu'il s'agit de toucher à l'embouchure d'un fleuve, le problème se complique de tant d'éléments différents, *qui échappent à toute théorie*, que l'on ne peut être parfaitement sûr à l'avance du résultat.

« Ainsi, tout projet qui aurait pour but *d'utiliser le cours de la rivière d'Orne*, soit par des *approfondissements*, soit par un ou plusieurs barrages, *soit par tout autre moyen*, *doit être rejeté de prime abord*, *parce qu'il pèche par la base*, en ce qu'il *ne change rien à l'embouchure*, qui est presque le seul point dangereux. »

(*Moniteur universel*, 1848).

Cette difficulté, ou plutôt cette impossibité d'améliorer les rivières à leur entrée dans la mer, est également reconnue par M. Garella. Cet ingénieur, qui a étudié le percement de l'isthme de Panama au moyen d'un canal maritime, destiné à mettre en communication l'Océan atlantique et l'Océan pacifique, propose de faire déboucher ce canal dans *la baie du Limon*. Il pourrait, en dépensant *vingt millions* de moins, profiter du cours du Rio-Chagrès, qui lui offrirait une hauteur d'eau de 4 mètres, c'est-à-dire les deux tiers de celle nécessitée par le canal projeté, qui ne doit avoir que 6 mètres de profondeur; et, cependant, il préfère dépenser vingt millions de plus, et aller chercher la baie du Limon, plutôt que d'utiliser le cours du Rio-Chagrès, et d'être obligé d'améliorer l'embouchure de cette rivière.

Jusqu'ici, nous avons porté nos regards sur des cours d'eau étrangers à celui qui nous occupe; si maintenant, nous revenons au Rhône, nous trouverons, à l'occasion des travaux proposés pour l'amélioration des bouches de ce fleuve, des témoignages tout aussi nombreux, tout aussi positifs, tout aussi respectables que ceux dont nous venons d'invoquer l'autorité.

Le premier nom que nous rencontrons est le nom de Vauban, et certes, il serait difficile d'en trouver un qui fût plus imposant, et qui méritât plus de déférence. Ce grand homme, qui a laissé des traces ineffaçables de son génie sur presque tous les points de notre territoire, fut chargé, en 1665, de visiter les côtes de la Méditerranée. A cette époque, le Rhône ne suivait pas la même direction qu'aujourd'hui, mais le phénomène qu'il présente à son entrée dans la mer, était alors identiquement le même. Vauban, après l'avoir étudié avec le soin qu'il apportait à ses travaux, déclara qu'il était impossible d'améliorer le régime de ce fleuve, et donna le conseil

(1) A plus forte raison, sur les rivières qui n'en ont pas.

d'ouvrir un canal entre le Rhône, et le port de Bouc. « Les embouchures « du Rhône, dit-il dans ses oisivetés, *sont et seront toujours* INCORRIGI- « BLES. »

Cet avis fut aussi celui d'un marin très expérimenté, Barras de Lapenne, capitaine des galères du roi, qui fut envoyé sur les lieux, en 1682, par M. de Seignelay, ministre de la marine.

« Les embouchures du Rhône, dit Barras, sont aujourd'hui dans le même état qu'elles étaient lorsque Marius entreprit de faire la fosse de son nom, qu'on a laissé combler : ce qui fait que le commerce d'Arles a beaucoup diminué, par le danger et la difficulté qu'il y a de passer à l'embouchure, où les petits bâtiments sont *souvent* retardés *deux et trois mois*, et où les vaisseaux de charge *les plus petits*, ne peuvent plus passer. » (Cette phrase donnerait à penser que l'ancienne prospérité d'Arles tenait en grande partie au Canal de Marius).

« Ces inconvénients ont donné lieu à différents projets pour rendre le passage des bâtiments plus sûr et plus facile. Feu M. le marquis de Seignelay, ministre d'Etat, m'ordonna, en 1682, d'aller sur les lieux pour les examiner. Il me parut que les embouchures *étaient et seraient toujours impraticables*, et que toutes les dépenses qu'on y pourrait faire n'aboutiraient *à rien* ou deviendraient, *en peu de temps, inutiles*, et que, puisque les Romains, qui étaient les maîtres des arts et des sciences, n'avaient pu surmonter les dangers de ces embouchures, et que, pour faciliter la navigation du Rhône, ils avaient *été contraints de les abandonner* et de faire ce fossé si célèbre et si renommé, il fallait les imiter et ouvrir de nouveau ce canal, ou en faire un autre pour conduire les bâtiments à Foz ou dans le port de Bouc même, ce qui serait encore meilleur. » (*Portulan de la Méditerranée*, par Barras de Lapenne, 1704).

Peu d'années après, en 1712, par suite de circonstances tout exceptionnelles, le Rhône abandonna le cours qu'il suivait lors de la visite de Vauban, et se fraya, vers la mer, à travers de vastes étangs, une nouvelle voie dans laquelle il s'établit définitivement en 1722, à la suite de quelques travaux faits par le gouvernement. Il s'était, pour ainsi dire, endigué seul et naturellement, ce qu'on propose de faire artificiellement aujourd'hui. Néanmoins, les bons effets que l'on aurait pu attendre de cette circonstance ne furent pas de longue durée. En 1722, les barques de mer sur lest, commencèrent à se servir de la voie que le fleuve venait de s'ouvrir. Elles y passèrent à pleine charge en 1724, et, dès 1725, la ville d'Arles se plaignait du mauvais état de la nouvelle embouchure, où s'étaient formés des theys, ou dépôts, d'une grande étendue. Ce fut alors que Mithon fit construire les palissades qui existent encore aujourd'hui aux environs de la Tour Saint-Louis, élevée en 1737. Ces palissades n'eurent pas grand effet pour la navigation, car :

« En 1726, c'est-à-dire *un an* après le travail ordonné par Mithon, suivant visite du 16 septembre même année, dit un mémoire du temps, imprimé à Aix en 1727, et conservé dans la Bibliothèque d'Arles, il s'était déjà formé, à *l'embouchure du nouveau canal*, et un *quart de lieue* avant la mer, diverses plages, ilons et tigneaux *d'une très vaste étendue*, y en ayant trois du côté du couchant, un autre entre les deux graus que forme la rivière en entrant dans la mer, et un cinquième du côté du levant desdites embouchures. »

Ainsi, la navigation ne se conserva passable que pendant *une seule année*, et les palissades de Mithon n'empêchèrent pas la barre de se reformer immédiatement en avant de la nouvelle embouchure (1).

Le reste du XVIII siècle, dit M. Surell dans son mémoire, se passe en plaintes de la ville d'Arles, relatives au mauvais état des embouchures, en projets et mémoires proposant les moyens d'y remédier.

En 1748, Bélidor fut envoyé aux embouchures par le maréchal de Bellile, dont l'armée avait souffert dans les approvisionnements, par suite des difficultés de la navigation. D'après ce célèbre ingénieur, *l'amélioration des embouchures est impossible ;* il faut obliger le Rhône à reprendre son ancien cours, celui qu'il avait du temps de Vauban, afin de l'éloigner du port de Bouc, qu'il finirait par combler ; enfin, il n'y a d'autre solution rationnelle que le canal proposé par Vauban. (*Architecture hydraulique*, tom. IV.)

Le projet de ce canal fut reproduit par divers ingénieurs. En 1750, l'inspecteur général des ponts et chaussées, Pollard, proposa de remonter la prise d'eau jusqu'à Arles même ; c'est la première idée du canal de Bouc, tel qu'il a été exécuté.

La ville d'Arles était en général contraire à ces projets ; la ville d'Arles a toujours redouté le port de Bouc.

« Elle soutenait, dit Lalande, qu'un grand fleuve doit être préféré à un petit canal, où les frais seraient beaucoup plus considérables (2) ; que les bâtiments, arrivant aux embouchures du Rhône, ont plus de facilité pour monter, que ceux qui seraient au port de Bouc, et courraient moins de risque, en temps de guerre, d'être masqués par les ennemis. »

Comme on le voit, le problème des embouchures et la persistance de la ville d'Arles à demander l'amélioration directe du fleuve à son entrée dans la mer, ne sont pas choses nouvelles. A partir de la visite de Vauban seulement, le débat dure depuis tantôt cent quatre-vingt-deux ans. S'il n'est point encore terminé, c'est que jamais, et avec raison, on n'a pu reconnaître des prétentions, et accepter des projets repoussés par le bon sens, et par l'expérience de tous les peuples et de tous les siècles. Néanmoins, en dépit de Vauban, de Barras de Lapenne, de Bélidor ; en dépit des observations récentes de M. de Prony, de M. l'amiral Baudin, de M. Bernard,

(1) Un nouveau theys, le theys de l'Annibal, vient de se former, depuis quelques années, à 1,200 mètres en avant des dernières terres, autour de la coque submergée du navire l'Annibal. Il commence à peine à sortir de l'eau, et déjà il est soudé aux anciens theys, tant l'alluvion est prompte à se former. Il en sera toujours ainsi, seulement les dépôts seraient bien plus considérables, et leur marche bien plus rapide, si toutes les branches du Rhône étaient réunies en une seule, et que la masse des limons qui s'éparpillent aujourd'hui sur l'immense surface que le fleuve couvre dans ses grandes crues, fût forcée de se concentrer en totalité sur un point unique.

(2) C'est le même raisonnement que pour l'Orne et pour l'Adour ; on est séduit par des apparences trompeuses, et l'on ne s'aperçoit pas qu'un petit canal vaut mieux qu'une mauvaise embouchure, cette dernière eût-elle dix lieues de large.

ex-inspecteur général des ports ; en dépit de tous ceux, *sans exception*, de MM. les inspecteurs des ponts et chaussées qui se sont occupés de cette question, et l'ont résolue comme Vauban, la population arlésienne n'a jamais voulu entendre parler d'aucun autre projet que du projet de l'endiguement des embouchures. Elle y persiste plus que jamais aujourd'hui ; il est vrai, nous nous empressons de le déclarer, il est vrai que la population d'Arles a maintenant pour elle l'opinion de M. l'ingénieur Paulin Talabot, constructeur et directeur du chemin de fer de Marseille à Avignon.

Enfin, en 1843, pour donner satisfaction à un désir si opiniâtrement manifesté, M. le ministre des travaux publics nomma une commission à l'effet d'examiner l'embouchure du Rhône, et de rechercher les moyens les plus propres à l'améliorer ; cette commission, presque exclusivement composée d'Arlésiens, comptait également parmi ses membres M. Bouvier, ingénieur en chef, directeur de la vallée du Rhône, et M. Poulle, ingénieur en chef, alors chargé de la quatrième section de ce fleuve. M. Bouvier se récusa. Les conclusions du rapport de cette commission, comme on le pense bien, furent : que rien n'était plus simple, plus facile et moins coûteux que l'amélioration directe des embouchures ; que les ingénieurs chargés jusqu'alors d'étudier la question n'en avaient pas compris le premier mot, et que ce que le gouvernement avait de mieux à faire était de se soumettre aveuglément aux exigences de la ville d'Arles. Toutefois, ce rapport était gros de tant de préjugés et d'erreurs que M. Poulle, afin sans doute de ne pas partager la responsabilité des idées et des faits qui s'y trouvaient consignés, voulut y insérer son opinion écrite et motivée.

Nous en donnons le premier paragraphe ; c'est le plus essentiel, il résume, à notre avis, toute la question :

« Si, *coûte que coûte*, dit M. Poulle, on poussait les indiguements du Rhône dans une assez bonne profondeur d'eau, et que, *faisant toujours abstraction des dépenses nécessaires*, on travaillât, *sans perte quelconque de temps*, à prolonger ces endiguements, toutes les fois qu'ils ne donneraient plus lieu, *partout au dehors dans les limites de leur direction*, à mouillage *minimum* de cinq à six mètres, *il est probable* qu'on assurerait au commerce une embouchure du Rhône constamment praticable. Mais, on l'a fait observer, il faudrait pour cela *fermer les yeux sur les dépenses*, ainsi qu'on en pourra juger par les considérations et les calculs ci-après...... (Rapport de la commission d'examen des embouchures du Rhône, Arles, 1843, page 40). »

Et M. Poulle arrive, pour la dépense première d'établissement, à 14,550,000 francs, et pour les frais annuels, tant de l'entretien que du prolongement des travaux, à 128,200 francs. Présenter ainsi la chimère de l'endiguement progressif et continu, était en faire la plus sanglante critique ; les Arlésiens n'ont jamais pardonné à M. Poulle cet acte d'honorable et courageuse franchise.

Telle est l'histoire fidèle de la question des embouchures du Rhône, jusqu'au moment où a paru le mémoire de M. Surell ; nous croyons maintenant en avoir dit assez pour l'avoir rendue claire à tous les yeux et perceptible à toutes les intelligences. Ce ne sera pas du moins notre faute si, après tous les développements dans lesquels nous sommes entrés, la vérité pouvait être méconnue.

Nous ne nous permettrons plus qu'une citation ; ce sera la dernière. Quoique relative à l'Adour, c'est par elle cependant que nous voulons terminer. Ce n'est plus, en effet, l'opinion d'un individu, d'un ingénieur isolé, quelqu'illustre qu'il soit, qui s'y trouve consignée ; c'est l'opinion du gouvernement lui-même qui s'exprime ainsi dans l'exposé des motifs d'un projet de loi sur les ports :

« *Beaucoup de tentatives* ont été faites, et de *grands travaux* ont été entrepris pour combattre un mal qui menace incessamment l'existence du port de Bayonne. Le lit du fleuve, *près de son embouchure*, a été encaissé entre deux longues digues terminées par des jetées, et l'on est ainsi parvenu à rendre invariable cette partie de son lit ; mais on n'a *jamais réussi à faire disparaître la barre, ni même à augmenter la profondeur de la passe*. C'EST UN FAIT BIEN RECONNU QU'UNE PAREILLE TENTATIVE NE PEUT OBTENIR DE SUCCÈS...... » (*Moniteur*, 1836, page 803).

Après une déclaration aussi nette, aussi formelle, aussi précise, après une déclaration qui part d'une région si élevée, et dans laquelle se trouvent tant de moyens d'investigations, nous n'avons rien à ajouter. Il ne nous reste qu'à maintenir purement et simplement la conclusion à laquelle nous avons été nécessairement conduits tout à la fois, nous le répétons, et par l'observation des faits, et par les déductions rigoureuses de la logique.

1° L'amélioration de la barre proprement dite d'un fleuve est un problème insoluble dans l'état actuel de la science.

2° Partout où l'on a pu tourner cette difficulté au moyen d'un canal maritime, on s'est empressé de le faire.

Cette conclusion est de la plus haute gravité ; la perdre de vue serait s'exposer à commettre une erreur irréparable.

C'est maintenant à la ville de Lyon, à laquelle il importe tant que les travaux exécutés à l'embouchure du Rhône soient des travaux utiles et durables, à faire entendre la vérité, et à dominer de sa puissante voix l'effervescence des passions locales qui voudraient transformer une question de haute utilité publique, une question nationale, en une mesquine question de clocher. (Journal de Lyon, *le Rhône*, 25, 26 et 27 décembre 1847.)

H. P.

N° 6.

OPINION DU JOURNAL LE SÉMAPHORE

Sur la question de l'Embouchure du Rhône.

L'article suivant est la réponse la plus noble et la plus complète à ceux qui pourraient penser que la riche et puissante ville de Marseille est animée de sentiment d'envie contre les ports voisins du littoral de la Méditerranée.

Nous nous abstiendrons d'entrer dans la discussion d'une question d'art dont la solution appartient aux hommes spéciaux. Néanmoins, nous serions portés à préférer le canal à grande section aux digues submersibles, par le motif que ce dernier moyen ne nous semble point trancher la difficulté aussi bien que le premier. Des travaux qui auraient pour but de prolonger en pleine mer le lit du fleuve, pourraient très bien n'avoir pour résultat que de reporter plus loin la *barre* qu'il s'agit de dissoudre complètement. Il faut considérer que le Rhône charrie, dans certaines crues, des masses de limon qu'on évalue jusqu'à cinq millions de mètres cubes par vingt-quatre heures, et il ne serait pas impossible que la *barre* qui s'est formée jusqu'à ce jour, à l'extrémité du canal naturel du fleuve, ne se formât de la même matière à l'entrée du canal artificiel créé par les digues. Si l'on prenait pour exemple ce qui s'est fait sur les côtes de l'Océan, on pourrait être conduit à de fausses conséquences, et nous ne croyons pas qu'il soit bien logique de comparer les phénomènes qui se passent dans les mers océaniques avec ceux qui sont propres aux mers méditerranées. Dans les premières, le flux et le reflux peuvent être parfaitement utilisés pour en faire des écluses de chasse douées d'une grande énergie ; dans les secondes, dont le niveau est constant, les dépôts sont sous la dépendance des lois hydrostatiques, et s'entassent là où le courant des eaux fluviales perd tout-à-coup sa puissance, c'est-à-dire au point où les eaux douces pénètrent dans la mer.

Avec le canal, au contraire, il n'y a rien à craindre de semblable ; au point où on le prend, il n'y a aucun danger d'engorgement, et l'on conçoit d'ailleurs qu'il serait toujours facile de le dégorger en cas d'accident. Les limons du Rhône continueront à suivre le cours du fleuve, et la barre, qui est aujourd'hui une véritable calamité, aurait son utilité aussitôt qu'une autre issue serait ouverte à la circulation du fleuve. La navigation à vapeur du Haut-Rhône serait en contact immédiat avec la navigation au long cours; les plus forts navires pourraient pénétrer et mouiller dans le fleuve, et le Bas-Rhône, depuis Arles jusqu'à la mer, deviendrait un port immense, présentant toutes les garanties possibles de sécurité.

On comprend tout le bien que ferait une pareille amélioration aux départements riverains du Rhône et de la Saône, et notamment aux villes de Lyon et d'Arles. Cette dernière pourrait en recevoir une impulsion immense et deviendrait le port de Lyon, comme le Hâvre est celui de Paris. Nous nous en réjouirions de bon cœur, parce que nous considérons tout progrès comme une conquête ; et, pour répondre à ceux qui accusent Marseille d'être animée de sentiments de jalousie peu honorables à l'encontre des ports voisins, nous manifestons tout haut notre sympathie pour les projets qui ont pour but de favoriser la navigation du Rhône et la prospérité du port d'Arles.

Lorsqu'on réfléchit aux nombreux intérêts et aux puissantes considérations qui se lient à cette grande voie fluviale, on se demande avec étonnement comment on a pu différer si longtemps les travaux dont nous entretenons nos lecteurs. On ne saurait disconvenir que, pour toutes les marchandises, mais surtout pour les articles d'encombrement, tels que les houilles, par exemple, les transbordements ne soient excessivement onéreux, tant au point de vue des frais que sous le rapport de l'altération de la houille, dont une grande partie se réduit en poussière. On a évalué à vingt francs par tonneau, en moyenne, les frais de ces transbordements obligés. Bien que l'on ait beaucoup exagéré l'importance des transports qui se faisaient directement, nous pensons qu'il y aurait toujours une très grande économie dans la voie directe.

C'est principalement en ce qui concerne les céréales, que la navigation du Rhône mérite de fixer l'attention du Gouvernement. Pendant l'année désastreuse qui vient de s'écouler, le Rhône a eu pour mission de porter du pain à toute la France, et même à plusieurs états de l'Europe. Le port de Marseille a reçu à lui seul de sept à huit millions d'hectolitres de blé, soit environ six cent mille tonnes, qui ont pénétré en France par le fleuve en très grande partie. Il eût été facile de faire une économie importante sur les transports, en évitant de faire échelle à Marseille ; mais c'est principalement sous le rapport de la vitesse que les obstacles des embouchures du fleuve pouvaient avoir des conséquences désastreuses. En temps de disette, le temps a une valeur inappréciable. De 1816 à 1817, on mettait trois mois à transporter des céréales de Marseille à Lyon ; aussi les paysans de la Franche-Comté et du Dauphiné en furent réduits, à cette époque, à dévorer l'herbe des champs pour ne pas mourir de faim. L'hiver passé, le fret coûtait encore fort cher ; mais, du moins, les blés arrivaient en quatre ou cinq jours, et personne n'a mangé de l'herbe.

Il faut espérer que le Gouvernement comprendra tout ce qu'il y a de sérieux dans les intérêts qui se groupent autour de la question des embouchures du Rhône, et qu'il s'empressera de mettre la main à un travail dont les frais et les difficultés ne sont rien eu égard aux avantages immenses qui doivent en résulter pour le pays tout entier. (Journal de Marseille, le *Sémaphore*, novembre 1847.)

N° 7.

VOEU DU CONSEIL GÉNÉRAL DU RHONE.

Session de 1847.

En ce qui concerne l'amélioration des embouchures du Rhône :

« Attendu que le plus pressant obstacle qui s'oppose à ce que le Rhône prenne, au point de vue des intérêts du commerce et de la navigation, le rang élevé que son admirable position dans le bassin de la Méditerranée, le volume et la direction de ses eaux sembleraient devoir lui attribuer, résulte de la barre qui en embarrasse le cours à son entrée dans la mer ;

» Que ce puissant obstacle, qui tend à s'accroître tous les jours, empêche la navigation maritime de remonter le fleuve, et de se lier ainsi au réseau de la navigation fluviale qui sillonne en tous sens l'intérieur du territoire ; qu'il impose au commerce des transbordements ruineux, des frais et des retards qu'aucun avantage ne saurait compenser ;

» Que cet obstacle une fois levé, le bas Rhône deviendrait un port de mer capable de recevoir des navires du plus fort tonnage, et où viendraient aboutir et se confondre les efforts de la grande navigation maritime et ceux de la navigation fluviale à vapeur ;

» Qu'ainsi serait donnée la plus large satisfaction à cet impérieux besoin d'activité commerciale, qui semble animer de plus en plus tous les peuples assis aux rives du grand bassin de la Méditerranée ;

» Qu'ainsi seraient rapprochés, pour une œuvre commune de civilisation et au profit des importations et des exportations de notre commerce, l'un des pays les plus industrieux du monde, et les pays de production agricole, le plus richement dotés de l'ancien continent ;

» Qu'ainsi se trouverait à jamais assuré à la France le transit des provenances de l'Orient et des Grandes-Indes, et conjuré le danger qui, du côté de Trieste et de Gênes, menace les intérêts de notre navigation intérieure ;

« Qu'ainsi, enfin, serait en tout temps rendue praticable cette voie providentielle qui, cette année, a préservé la France des horreurs de la disette, et se trouve si bien placée pour en prévenir à tout jamais le retour, si elle est mise et maintenue dans des conditions convenables ;

« Par tous ces motifs, le conseil général émet *le vœu le plus pressant* pour que la question d'amélioration des embouchures du Rhône soit promptement amenée par l'État à une solution définitive, et portée, par le caractère et le développement des travaux qui seront entrepris, à la hauteur d'une question sociale et politique de l'ordre le plus élevé ». (*Septembre* 1847.)

N° 8.

EMBOUCHURES DU RHONE.

Navigation.

« Nous avons dit, il y peu de jours, quelques mots d'un projet de canal maritime de grande navigation conçu dans le but de faire disparaître les obstacles naturels opposés à la navigation par la *barre* qui obstrue l'entrée du Rhône.

« Ce projet, qui permettrait à des bâtiments de 600 et 800 tonneaux de venir mouiller dans le fleuve, qui mettrait en contact immédiat la navigation à vapeur du haut-Rhône avec la navigation au long cours, et qui, par conséquent, ferait du Bas-Rhône, depuis Arles jusqu'à la mer, le port le plus sûr, le plus vaste et le plus fréquenté de la Méditerranée, mérite toute la faveur publique.

« Les départements riverains du Rhône et de la Saône, mais surtout le département du Rhône et la ville de Lyon, dont la ville d'Arles est appelée à devenir le port naturel, comme le Havre est le port de Paris, doivent en voir la réalisation avec le plus vif intérêt, et l'appeler de tous leurs vœux.

« Il n'est pas nécessaire, en effet, de raisonnements bien profonds pour en faire comprendre l'importance. De tels projets se recommandent par cela même qu'ils sont énoncés.

« Le Rhône est l'une des voies de communication les plus belles de l'univers. C'est, sans contredit, la plus importante de l'Europe, en raison des états qui avoisinent ses embouchures. Lié à tout le réseau navigable du territoire, aboutissant à la mer la plus fréquentée du globe, à la mer qui, après le percement de l'isthme de Suez, recevra directement les navires de l'Inde, et qui doit incontestablement devenir le principal théâtre des affaires du monde ; placé en face de l'Algérie dont il nous facilite l'accès, le Rhône est la grande route qui rattache entre eux les trois continents de l'ancien monde ; c'est, de plus, l'artère par laquelle circulent les éléments d'une grande partie de notre richesse publique, et, par ses relations incessantes avec nos arsenaux maritimes, l'un des principaux agents de notre puissance politique.

« Or, le Rhône, qui est aujourd'hui parcouru par des bateaux à vapeur de 400 tonneaux, armés de machines de 300 chevaux ; qui ne reconnaît plus d'autre rival que le Mississipi ; qui, au moyen de quelques travaux peu coûteux pourrait être navigable en tout temps, le Rhône est fermé à son ouverture dans la mer. C'est une grande rue sans entrée. Que faut-il faire ? La réponse est simple : en ouvrir les portes à deux battants.

« Plusieurs projets avaient été présentés dans ce but ; mais l'un, celui de M. l'ingénieur Poulle, coûterait fort cher et ne remplirait qu'imparfaitement son but ; l'autre, qui a pour objet l'amélioration directe des embouchures au moyen de digues prolongées en pleine mer, serait encore plus coûteux que celui de M. Poulle, et ne ferait qu'éloigner la difficulté au lieu de la résoudre, attendu que la barre qui s'est formée à l'entrée du canal naturel d'un fleuve charriant, dans ses grandes crues jusqu'à *cinq millions de mètres cubes* de limon par *vingt-quatre heures* se formerait de la même manière à l'extrémité du canal artificiel qu'on lui aurait créé. Les travaux exécutés dans le même but sur les mers océaniques, où le flux et le reflux ont une puissance qui permet de les employer pour en faire des écluses de chasse, ne peuvent en aucune façon être comparés aux travaux à exécuter sur des mers méditerranées, dont le niveau est constant, et dans le sein desquelles les dépôts s'entassent là où le courant des eaux fluviales cesse, et où les eaux douces se mélangent avec les eaux salées.

« On ne faisait donc rien dans la crainte de ne rien faire que de dispendieux, de provisoire et d'incomplet, et cependant chaque année ajoutait aux graves inconvénients qui résultent de l'état actuel des embouchures.

« C'est alors que fut mis en avant le projet de canal dont nous avons déjà entretenu nos lecteurs, et qui porte le nom de *Canal Saint-Louis*, du point dit la *Tour Saint-Louis*, où il prend naissance sur le Rhône.

« Aussi simple dans son idée que facile dans son exécution, il résout la difficulté de la manière la plus utile, la plus sûre, la plus prompte, la plus durable et la plus économique.

« Les résultats de ce travail seraient immenses.

« Le pays entier y trouverait, pour ses expéditions et ses approvisionnements, un moyen de transport plus régulier, plus rapide et moins coûteux. L'accroissement de nos importations et de nos exportations; l'augmentation de notre transit dont Trieste cherche à nous dépouiller; le développement de notre marine commerciale et militaire, et, par conséquent, de notre influence européenne; de nouveaux débouchés offerts à notre agriculture, à nos fabriques et à nos houilles, qui maintenant ne peuvent lutter contre les houilles étrangères, à cause des frais dont les grèvent les transbordements multipliés qu'elles sont forcées de subir; l'extension de notre production industrielle; l'élargissement du cercle de nos relations commerciales, en seraient également les conséquences immédiates et nécessaires.

« En veut-on la preuve ? Des renseignements réunis par la chambre de commerce d'Arles, démontrent jusqu'à l'évidence que les frais de toute nature, indépendamment de ceux communs aux autres ports, occasionnés par le passage à Marseille des marchandises qui se dirigent, tant de l'extérieur vers l'intérieur, que de l'intérieur vers l'extérieur, augmentent le prix de la tonne (1,000 kilog.) d'au moins 20 fr. en moyenne. Lorsque le problème des embouchures du Rhône sera résolu, et que les navires pourront entrer librement dans le fleuve, au lieu d'aller chercher un port écarté; comme le fret de l'étranger pour la France, ou de la France pour l'étranger sera le même, qu'il s'agisse d'Arles ou de Marseille, le commerce jouira d'une économie de 20 fr. par tonne, soit d'une économie annuelle de *quatre à cinq millions*, en admettant que la moitié des 4 à 500,000 tonnes qui aujourd'hui passent annuellement par Marseille, tant à la montée qu'à la descente, prenne directement la voie du Rhône pour ne toucher qu'au seul port d'Arles.

« C'est beaucoup déjà, mais ce n'est pas tout.

« Le Rhône n'est pas seulement un admirable instrument de viabilité; le Rhône n'est pas seulement l'un des agents les plus utiles de notre richesse et de notre puissance; le Rhône n'est pas seulement le grand chemin de l'Europe méridionale, de l'Afrique et de l'Asie; le Rhône est plus que cela : il est encore, qu'on nous passe cette expression, la providence du pays dans les mauvaises années de notre récolte en céréales.

« Il l'a bien prouvé dans le cours de la fatale campagne que nous venons de traverser.

« C'est, en effet, le Rhône qui par l'activité qu'il imprime aux transports, est chargé de combler les déficits dont nous avons trop souvent, depuis quelques années, l'occasion de déplorer le retour dans la production de nos ressources alimentaires.

« C'est le Rhône, qui, cette année, a littéralement donné du pain à plusieurs états de l'Europe, empêchant ainsi la disette de se changer en famine, et préservant la France des effroyables malheurs qui pouvaient être la suite de cette calamité. C'est, par conséquent, le Rhône qui, convenablement amélioré à son embouchure et dans son cours, préviendra le retour ou du moins atténuera les effets de ces jours de souffrance, si nous étions destinés à subir de nouveau la triste et cruelle épreuve dont nous sortons.

« De 1816 à 1817, époque de disette, le transport des céréales de Marseille à Lyon coûtait de 250 à 300 fr. par tonne, et durait de trois à quatre mois; dans ce temps-là, les paysans du Dauphiné et de la Franche-Comté en furent réduits à dévorer l'herbe des champs pour ne pas mourir de faim. Cet hiver, le transport a coûté 120 fr.; mais du moins les blés arrivaient moyennement en quatre jours, et personne n'a mangé de l'herbe.

« Certes, un pareil résultat est un grand service rendu au pays; et cependant quels ne seraient pas les services que pourrait rendre le Rhône, si, comme nous le disions plus haut, débarrassé à son embouchure des obstacles qui arrêtent la navigation, et amélioré dans les portions de son cours où les hauts-fonds s'opposent au passage des bateaux à vapeur, il offrait au commerce une voie constamment ouverte à son entrée et parfaitement libre dans toute l'étendue de son développement?

« En 1846 et 1847, la France a importé plus de dix millions d'hectolitres de céréales étrangères. Sur ce chiffre heureusement exceptionnel, le port de Marseille à lui seul en a reçu de sept à huit millions d'hectolitres, soit environ six cent mille tonnes qui coûtaient 30 fr. la tonne rien que pour être transportées de Marseille à Arles. En supposant que le Rhône eût été ouvert à la grande navigation maritime, et que quatre cent mille tonnes, sur les six cent mille arrivées à Marseille, eussent été amenées directement à Arles, au lieu d'aller dans le port de Marseille d'où il fallait les faire sortir de nouveau pour les transporter sur le Rhône, la France aurait bénéficié de tout le prix des transports entre Marseille et Arles, soit de douze millions de francs.

« Allons plus loin.

« Ne peut-on pas également supposer, avec toute raison, que, par l'effet des arrivages, par leur régularité, par leur économie, par la masse des céréales transportées, la moyenne des mercuriales en France ne se fût abaissée d'une somme qui eût diminué le prix du pain d'au moins dix centimes par kilogramme, parce qu'on se serait senti armé contre le mal, et que la confiance publique n'aurait pu être ébranlée? Que l'on calcule à présent ce que chaque tête consomme par jour en France; on est effrayé du chiffre qui aurait pu être économisé par un bon système de viabilité fluviale. Et quand on vient à songer que cette énorme dépense a principalement pesé sur les classes pauvres et laborieuses, sur les classes souffrantes, sur ces malheureux qui sont obligés de gagner leur vie au jour le jour, et qui, trop souvent, ne peuvent acheter le pain nécessaire à la subsistance de leurs familles, on se prend à regretter amèrement d'avoir pu négliger si longtemps un intérêt d'un ordre aussi élevé, un intérêt qui touche aux exigences de l'humanité comme aux devoirs d'une sage et prudente politique.

« En l'envisageant ainsi, la question de l'amélioration du Rhône change et s'agrandit ; ce n'est plus seulement une question d'intérêt matériel et d'économie intérieure, c'est une question sociale de la plus haute gravité.

« On ne peut pas, on ne doit pas laisser plus longtemps un fleuve comme le Rhône dans un état voisin de la barbarie. Si le Rhône était à la place de la Seine, il y a bien des années que tout ce que nous demandons serait terminé. Jusqu'à présent les particuliers ont tout fait et le gouvernement presque rien ; une telle situation doit cesser. C'est assez attendre. Le moment d'agir est venu. »

(*Journal de Lyon le Censeur, Septembre* 1847).

Typog. Benard et Comp., passage du Caire, 2.

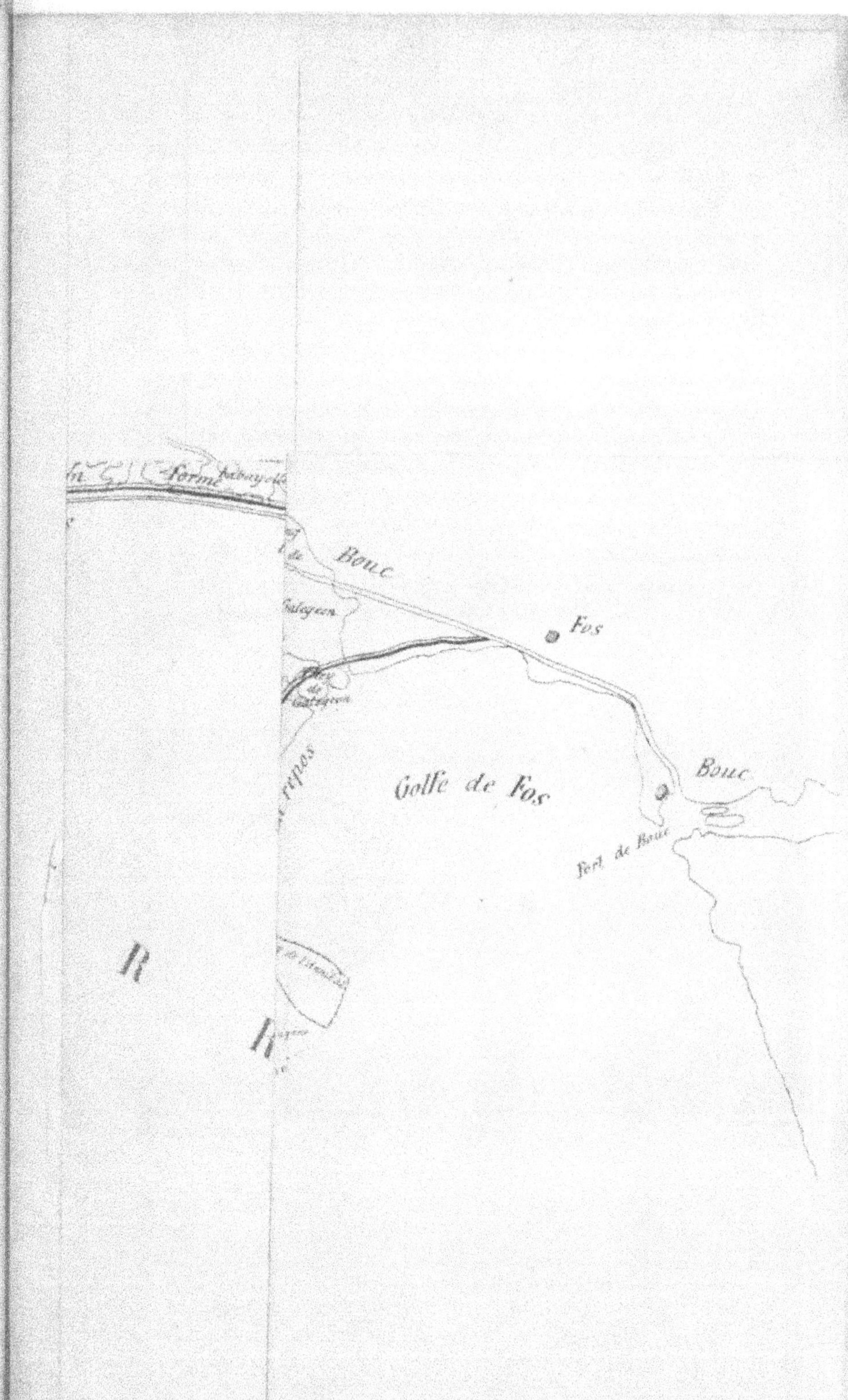

Forme
Bouc
Fos
Golfe de Fos
Bouc
Fort de Bouc

DELTA DU RHÔNE
ARLES

www.ingramcontent.com/pod-product-compliance
Ingram Content Group UK Ltd.
Pitfield, Milton Keynes, MK11 3LW, UK
UKHW021114260726
13994UKWH00002B/885

9 782329 238180